MANNOPOLIS

100

mannopolis.com

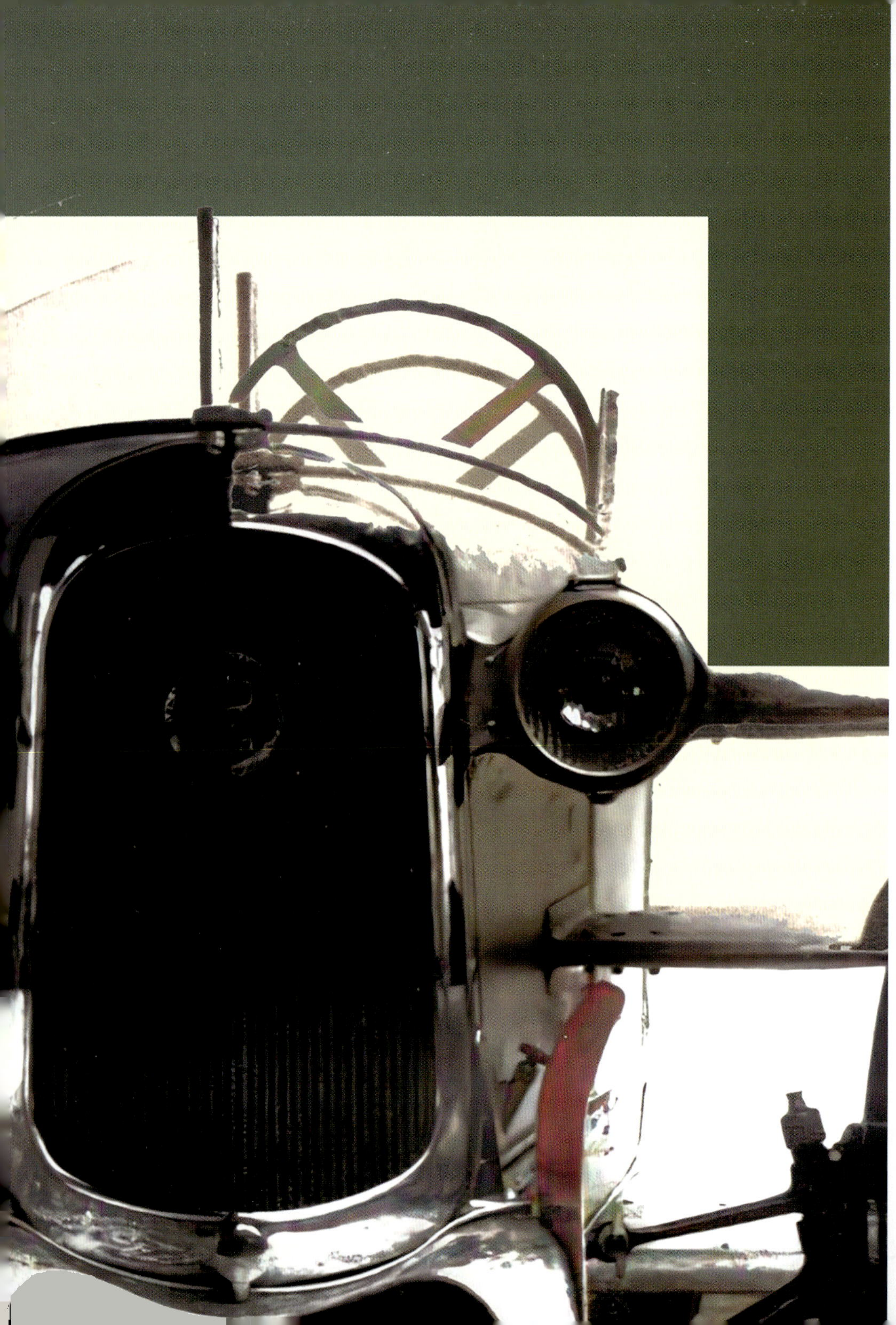

BILDSEITEN:

Satz & Gestaltung: Arzu Schlor-Çağın

ISBN 978-3-86476-167-6

Verlag Waldkirch KG
Schützenstraße 18
68259 Mannheim
Telefon 0621-129150
Fax 0621-1291599
E-Mail: verlag@waldkirch.de
www.verlag-waldkirch.de

MANNOPOLIS

100

Mannheim, die Autometropole der wilden Zwanziger: Lassen Sie sich überraschen.

15,3 cm

INHALT

Autometropole Mannheim

Die Zwanziger haben es in sich, auch schon vor hundert Jahren. Nach dem Krieg kommt es in ganz Europa zu einer regelrechten Gründungswelle bei den Automobilbauern. Auch in Deutschland versuchen neben den etablierten Marken unzählige neue Automobilfirmen ihr Glück. Einen besseren Zeitpunkt gibt es kaum, denn ausländische Fahrzeuge sind unbezahlbar geworden durch die schlechte Wechselkursentwicklung und hohe Zölle. Mannheim entwickelt sich zu einer regelrechten Autometropole. Es entstehen Luxuskarossen, elegante Sportwagen, kuriose Gefährte und bahnbrechende Grand Prix-Rennwagen. Die einzigartige Aufbruchstimmung führt zu etlichen technischen Neuerungen und Patenten. Doch dann wütet die Inflation mit einer nie dagewesenen Vermögensvernichtung. Kaum ist das überstanden, fallen die Schutz-Zölle.

Günstige amerikanische Fahrzeuge aus Serienproduktion fluten den Markt, was zu einem massiven Preisverfall führt. Das übersteht letztlich keine der hiesigen Automobilbau-Firmen und MANNOPOLIS mit seinen schillernden Persönlichkeiten, Geschichten und Fahrzeugen gerät in Vergessenheit. Zum hundertsten Jubiläum soll diese spannende Epoche wieder zum Leben erweckt werden.

Vor der Zeitreise in die Zwanziger sollten Sie noch ein paar Dinge erfahren…

Vor hundert Jahren

Bitte anschnallen, es geht los. Ach ja, Sicherheitsgurte gibt es ja noch keine und auch sonst muss man sich an einiges gewöhnen. Das Lenkrad ist auf der rechten Seite, schließlich ist es wichtiger, den Straßengraben im Blick zu haben als den spärlichen Gegenverkehr. Und Vorsicht, das Gas- und Bremspedal sind vertauscht, also rechts bremsen und in der Mitte Gas geben. Das kann sonst zu unangenehmen Verwechslungen führen. Blinker sucht man vergeblich, man kann ja auch mit den Armen Zeichen geben oder neuerdings auch mit mechanischen Winkern. Türen sind häufig nur auf einer Seite zu finden. Also ist Nachrücken angesagt und bei kleineren Wagen gelangt man oft nur mit einer Gymnastikübung auf die Rücksitzbank. Oder man hat gleich die Ehre, in einem aufgeklappten „Schwiegermutter"-Notsitz hinten mitzufahren. Es gibt bereits Elektromobile, die 100 km mit einer Ladung versprechen, aber auch Wagen, die ganz ohne Batterie fahren. Zur Beleuchtung müssen da noch die Scheinwerfer angezündet werden. Die meisten Wagen werden mit einer kleinen Kraftübung an der Handkurbel gestartet. Mit Hebeln am Lenkrad wird dann der Zündzeitpunkt eingestellt und das Standgas, eine Art Tempomat der Zwanziger. Alles zu kompliziert? Dann leistet man sich eben einen „Schoffeur". Und der kann froh sein, wenn er ein Autodach über dem Kopf hat, im Unterschied zu seinen Fahrgästen, die ihm die Fahrtziele per Bordtelefon durchgeben.

Dieses Bild ist gar nicht so selten. Autos sind in Deutschland noch echte Luxusgüter, die sich nur wenige Wohlhabende leisten können. „Kleinautos" sollen das ändern, aber auch diese Fahrzeuge werden von Hand zusammengebaut und bleiben recht teuer. Viele Hersteller erzeugen weit weniger als hundert Stück pro Jahr. Es verwundert daher nicht, wenn 1924, trotz der vielen Autofirmen in der ganzen Republik, gerademal 30.000 Personenwagen hergestellt werden.

Häufig kauft man keine fertigen Autos, sondern

lediglich Chassis, also Fahrgestelle mit Motor, die man beim Karosseur seiner Wahl einkleiden lässt. Für die Holzkarosserie kann schon mal richtiggehend Maß genommen werden: Stiefellänge, Lenkradwinkel, alles individuell vermessen, gebaut und lackiert. Die Formenauswahl ist unbegrenzt: Limousinen, Phaetons, Landaulets und viele mehr. Je nach Ausstattung kann allein die Karosserie den Gegenwert eines kleinen Hauses haben. Oft verrät nur noch die Kühlerplakette, um welchen Fahrzeughersteller es sich eigentlich handelt.

Die Modellnamen aus zwei Zahlen sind gewöhnungsbedürftig. 10/30 bedeutet beispielsweise Steuerklasse 10 mit 30 PS Leistung. Die

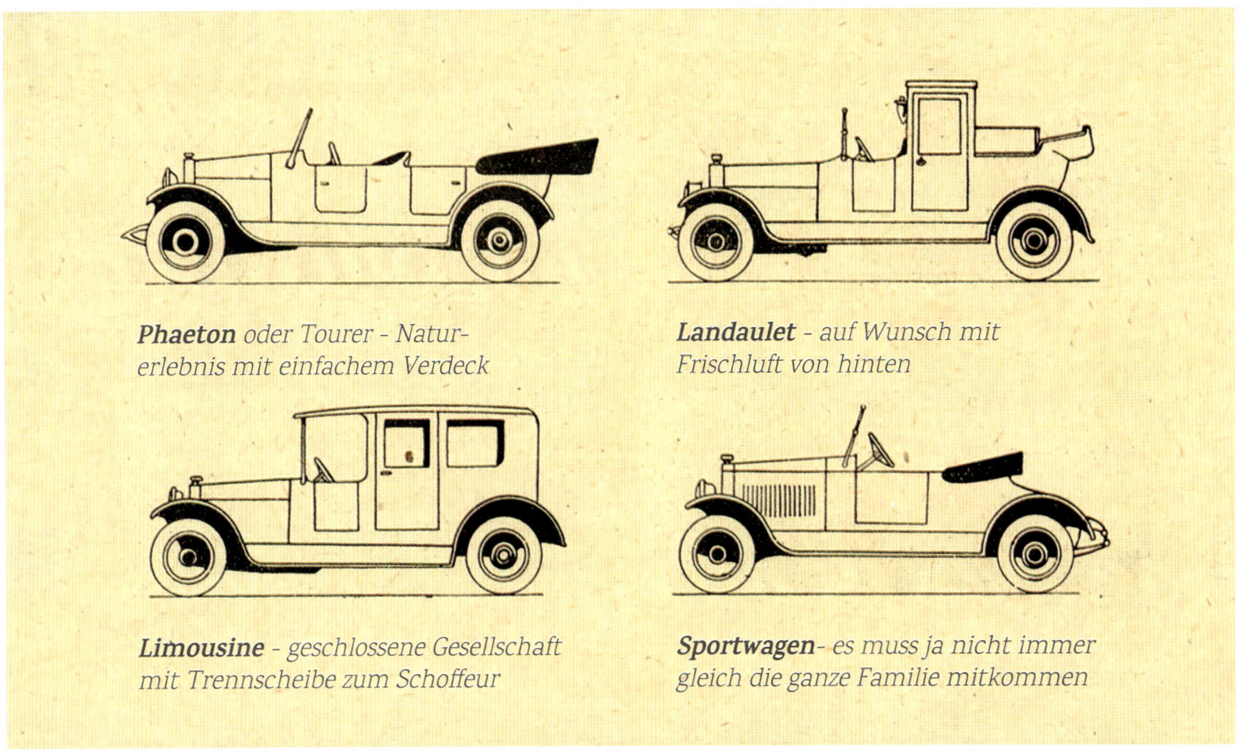

- - - - das Chassis von wem du willst; die Karosserie aber nur von Kellner

hubraumabhängige Steuerklasse steht an erster Stelle, da sie recht hoch ist und beim Kauf eine wichtige Rolle spielt.

Für den stolzen Fahrzeugbesitzer gibt es viele Gelegenheiten, seinen Wagen bei einer Zuverlässigkeitsfahrt oder einem Blumenkorso zu präsentieren. Beliebt sind auch Schönheitskonkurrenzen für Automobile, nicht für die Insassen. Wer es sportlicher mag, kann allerorts an Sprint- oder Bergrennen teilnehmen, bei denen einzeln gegen die Zeit gefahren wird. Durch die vielen Unterteilungen ist es gar nicht so unwahrscheinlich, einen Preis zu ergattern. Manchmal reicht es, nur ans Ziel zu kommen. Das Publikum ist dennoch begeistert.

Es gibt etliche Automobil-Zeitschriften und die Werbung experimentiert in Stil und Farben, wobei wahre Kunstwerke entstehen.

So, aber jetzt viel Vergnügen bei der Zeitreise durch MANNOPOLIS !

FULMINA

Blitze! Ein Hauch von Luxus

„Käferthal“

Zur Jahrhundertwende übernimmt Edmund Hofmann den Vorstand der EICHBAUM AG von seinem verstorbenen Vater. Sein neun Jahre jüngerer Bruder Carl ist eher technisch interessiert und wird Diplom-Ingenieur. Er gründet 1910 die FULMINA-WERK CARL HOFMANN GmbH „zur Fabrikation von Gasmotoren und Ölfeuerungen“. Der lateinische Firmenname bedeutet „blitze!“, in etwa wie „horch!“ bei AUDI. Latein ist damals eben angesagt. Hofmann verlässt sich auf seinen Entwickler August Grau, vormals Ingenieur bei BENZ, der jetzt die gesamte Konstruktion bei FULMINA-WERK verantwortet. EICHBAUM erwirbt ein Haus in der Käfertaler Bahnhofstraße 1 und der Legende nach entsteht dort im Hinterhof das erste FULMINA-Automobil. Mit kleinen Anlaufschwierigkeiten, denn nach der Montage stellt man fest, dass der Wagen zu breit für das Tor geraten ist. Es muss entfernt werden, um die Neukonstruktion zu befreien. Der Aufwand lohnt sich, denn das 25-PS-Fahrzeug kommt auf sagenhafte achtzig Stundenkilometer. Kaum ein Jahr später kann man den Käfertaler 10/25 auf der Berliner Automobilausstellung bestaunen. Grau wird telegraphisch nach Berlin berufen, da Kaiser Wilhelm den Stand besuchen möchte.

Tatsächlich kommt Prinz Eitel-Friedrich und informiert sich insbesondere über die neuen Ölfeuerungen. FULMINA-WERK erhält den Auftrag für erste Tests bei der Marine. Ein großer Erfolg für die junge Firma, die in ein größeres Gebäude umzieht (Käfertaler Bahnhofstraße 11-13). Auch mit den Automobilen geht es voran und Grau entwickelt ein neues Modell mit stärkerem Motor, den 16/45. Als Besonderheit wird ein abnehmbarer Limousinenaufsatz der Darmstädter Karosseriefabrik AUTENRIETH angepriesen. Die Wagen haben bald den Ruf von solider handwerklicher Qualität. Das Geschäft mit Ölbrennern und „Luxus-Automobilen" läuft so gut, dass auch der neue Standort bald zu klein wird.

Made in Käfertal- der 16/45 FULMINA vor der ehemaligen Auto-GmbH in P6,20. Die „Verkaufsstelle" hat „große Ausstellungsräume", in denen auch MERCEDES-Fahrzeuge angeboten werden.

Rechts: Rekonstruiertes „FW"- Emblem

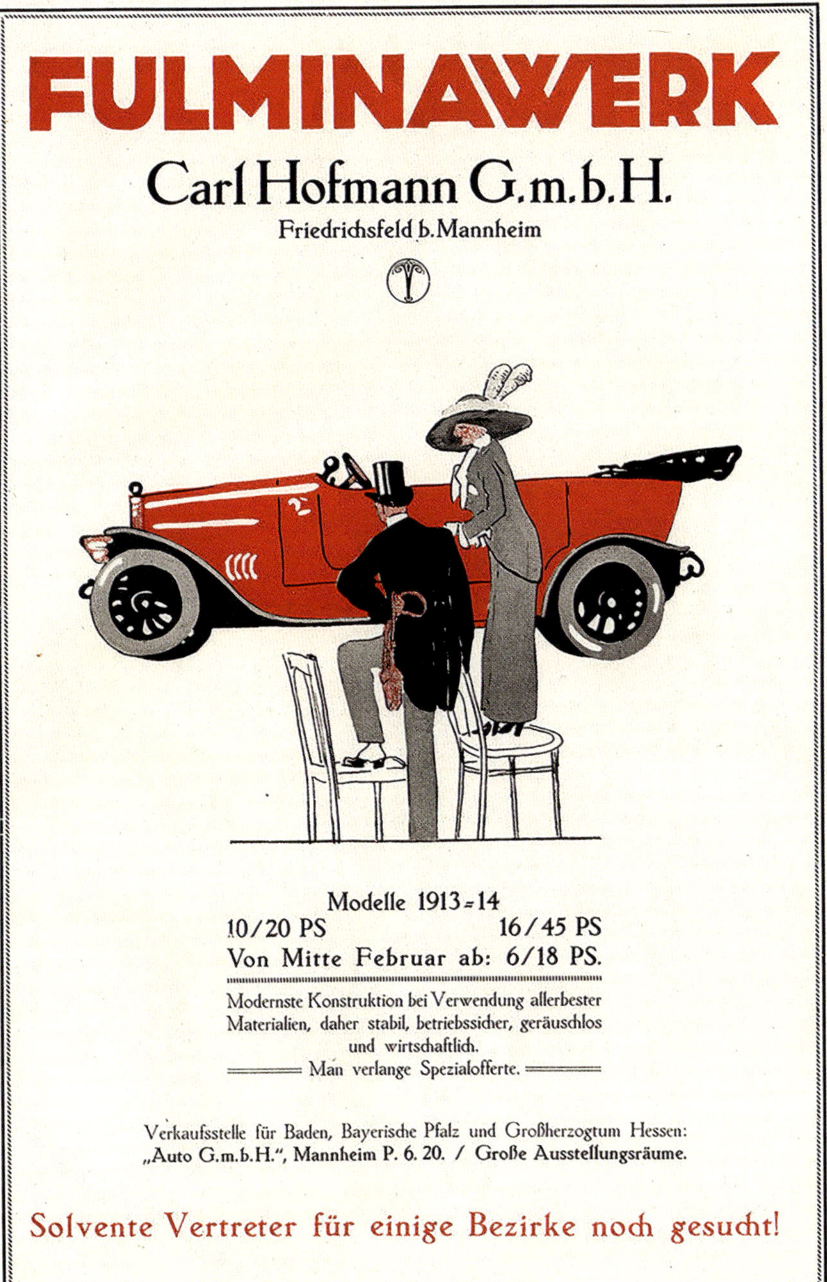

Friedrichsfeld

In der Nähe des Bahnhofs Friedrichsfeld-Nord wird schließlich ein größeres Werk errichtet, in das Ende 1913 umgezogen werden kann. Mit dem Wechsel nach Friedrichsfeld wird die Firma eine GmbH, in der neben Hofmann auch Grau zum Geschäftsführer wird. Endlich ist genug Platz in getrennten Hallen für Fahrzeuge und Ölfeuerungen. Das meiste wird in der hauseigenen Schmiede, Dreherei, Spenglerei und Montage selbst hergestellt. Die „Luxus-Automobile" sind erfolgreich, aber damit ist es erst einmal vorbei, als der Erste Weltkrieg ausbricht.

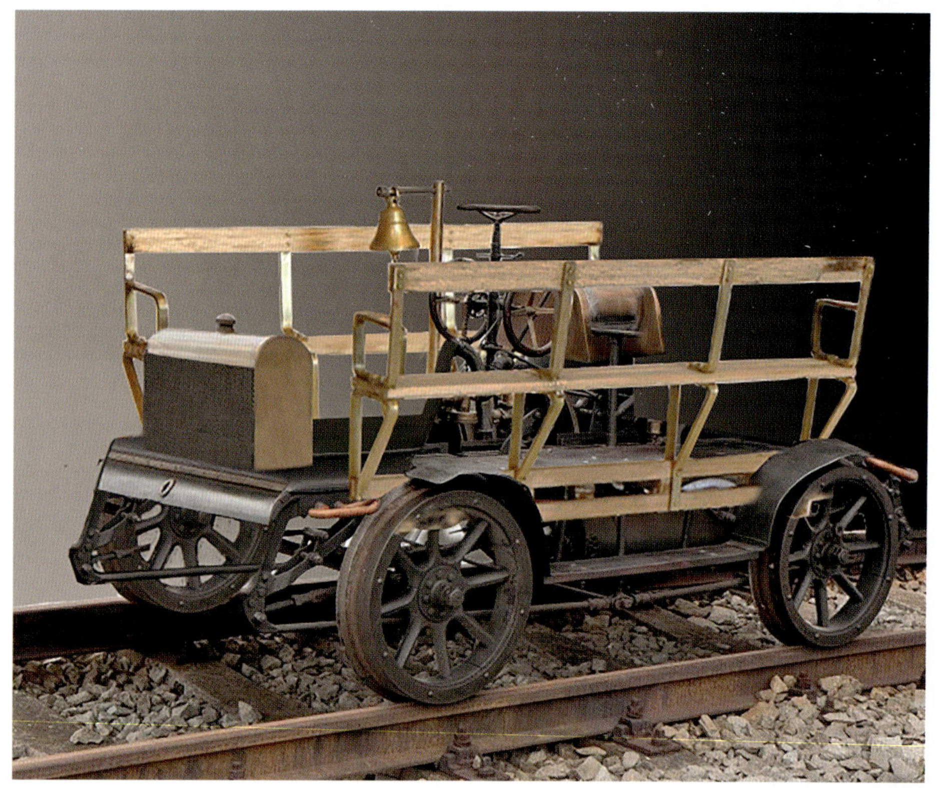

Rekonstruktion der FULMINA 10/30 Felddraisine

Ölbeheizter FULMINA Wärmeofen 1915

Grau wird Soldat, ebenso ein Großteil der Mitarbeiter. Mitten im Krieg erhält FULMINA-WERK den Auftrag zur Herstellung von „Felddraisinen", die sich mit Motorantrieb auf Gleisen fortbewegen sollen. 1916 wird Grau von der Front zurückbeordert und beginnt mit der Entwicklung. Als Basis dienen 10/30 FULMINA-Fahrgestelle, die schwere Eisenräder der deutschen Reichsbahn montiert bekommen. Auf den Holzbänken haben 6 Personen Platz. In der Mitte der Draisine ist eine Säule angebracht, über die jeder Passagier Motor und Bremse bedienen kann. Die Teststrecke befindet sich vor der Haustür. Zwischen dem Friedrichsfelder und dem Edinger Bahnhof können diese knatternden Schienen-Autos bestaunt werden. Grau entwickelt zudem eine geländegängige Zugmaschine für 76 mm Kanonen, die „Motor-Protze". Aber auch gewöhnliche FULMINA-Wagen werden im Krieg eingesetzt. Es wird als Vorteil gesehen, dass die Teile einfach mit BENZ-Fahrzeugen austauschbar sind, so sehr ähneln sich die Konstruktionen. Hauptanteil der Kriegsproduktion bei FULMINA-WERK machen jedoch die Schmelzöfen aus. Die Kriegsmarine ist Großkunde mit ihrem riesigen Bedarf an Metall. Daneben sind Glühöfen im Einsatz, die der neu eingestellte Werkmeister Friedrich Pfeil entwickelt hat. All diese Ölfeuerungen nutzen günstiges, aber gleichzeitig giftiges Teeröl als Brennstoff. Heute undenkbar, damals willkommene Innovation.

Nach dem Krieg dauert es über ein Jahr, bis die Automobilproduktion wieder in vollem Umfang läuft. An der Herstellung hat sich nichts Wesentliches geändert, Achsen, Motor und Getriebe werden größtenteils in Handarbeit gefertigt, vom Guss bis zur Montage. Sogar die Rahmen kommen aus Eigenproduktion. Dazu wird dickes Stahlblech mit zwei Schraubstöcken am offenen Feuer in die richtige Form gebracht. Verbindungen werden ebenfalls am offenen Feuer erwärmt und mit dem Hammer angenietet. Da es noch keine elektrischen Bohrmaschinen gibt, geht man mit Handbohrmaschinen ans Werk. Die Hinterachsen müssen genau justiert werden, um Betriebsgeräusche zu vermeiden. Bei der gesamten Montage des Fahrwerks ist höchste Präzision gefordert, damit der Wagen später nicht unrund läuft. Auch die Holz-Karosserie und die Innenausstattung sind echte Handarbeit. Das übernimmt die Heilbronner „Carosseriefabrik DRAUZ & Co", die auch für andere Mannheimer Firmen tätig ist, wie z.B. BENZ oder BENZ SÖHNE. Besonders luxuriöse Karosserie-Sonderanfertigungen erstellt die Firma SCHOBER, ein High-End Karosseur aus Heilbronn-Böckingen.

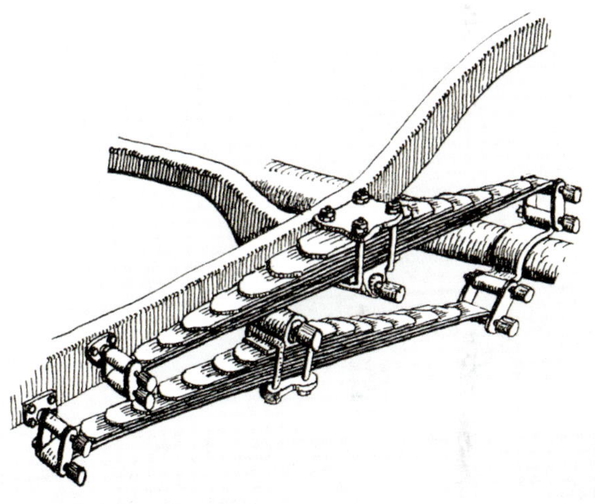

Die spezielle Hinderradfederung- den FULMINA Fahrzeugen wird besonders weiche Federung nachgesagt.

Ganz links: DRAUZ-Mitarbeiter 1920
Rechts daneben: Die drei vom Werk (von links nach rechts): Drehermeister August Arnold, Betriebsleiter Franz Islinger und Montagemeister Theodor Olbert.

Rechts: ein FULMINA vor dem „Transitkeller". Daneben: August Grau in den Dreißigern.

Unten: Testfahrt oder Überführung nach Heilbronn mit August Grau als Beifahrer, im hinteren Wagen Karl Hageloch, ehemals Konstrukteur bei SCHÜTTE-LANZ.

Darunter Menzers FULMINA vor seiner Villa in Neckargemünd, die heute noch existiert.

Für die Überführung zur Karosseriefabrik sind die Fahrwerke lediglich mit ungeschützten Holz-Notsitzen ausgestattet. Meister Islinger nimmt hin und wieder seinen kleinen Sohn mit auf eine derartige Abenteuer-Fahrt „... ohne Windschutzscheibe, auf einer Holzkiste sitzend, Schwungscheibe und Kardanwelle schnurren." Allein das Fahren mit einem FULMINA will gelernt sein: „*...der Motor des schweren Wagens darf beim Start nicht zu hoch auf Touren kommen. Das nötige Spiel mit Kupplung und Handgas gleicht dem Umgang mit einem zartbesaiteten Instrument.*"
1921 kommt es zu einem Führungswechsel. Firmengründer Hofmann zieht sich zurück und drei neue Direktoren rücken nach. Einer von ihnen ist Hermann Menzer, ein einflussreicher Konsul und Weingroßhändler aus Neckargemünd. Aus Furcht vor einer möglichen Beschlagnahmung durch die französischen Siegermächte lässt er während der Ruhrkrise vierzehn Fahrwerke im „Transitkeller", Güterbahnhofstraße 11, verstecken, genauer gesagt in der großen Halle über dem Weinkeller, die damals über einen eigenen Gleisanschluss verfügt. Bei der ersten Deutschen Automobilausstellung nach dem Krieg ist die Firma natürlich vertreten.

Dazu schreibt der *„Motor"* im September 1921:

„Sehr elegant ist ein von DRAUZ karossiertes 10/30-PS-Vierzylinder-FULMINAWERK-Chassis auf Stand 11. Die Karosserie in Elfenbeinweiß mit kaffeebraunen Kotflügeln und gleicher Polsterung und Verdeckkasten zieht das Auge des Besuchers auf sich. Außerdem bringt die Firma noch eine geschmackvolle Limousine mit 16/45-PS-Motor, die in ihrem gesamten Maschinenaufbau der kleinen Type ähnelt."

Angeboten werden auch sechssitzige Limousinen mit Trennwand sowie Phaetons mit aufsteckbaren Celluloid-Seitenfenstern. Optional erhältlich ist eine Aluminium-Karosserie und eine Innenverkleidung aus „pflegeleichtem Kunstleder". FULMINA hat den Neuanfang geschafft. Die Luxuskarossen finden wieder ihre Käufer. Zu den Kunden gehören betuchte Aristokraten, Direktoren, aber auch Taxiunternehmen. Selbst in Schweden werden FULMINA vertrieben.

FULMINA-DRAUZ 10/30-Rekonstruktion in „Kaffeebraun".

„FULMINA"

ULMINA"
„FULMINA"

Der FULMINA-Stand auf der Deutschen Automobilausstellung in Berlin 1923. Zwei Stände weiter findet sich der Mannheimer Automobilbauer HEIM. Die vorherigen Seiten zeigen auch den FULMINA-Stand 1923. Das Foto ist aber offenbar gestellt.

Rechte Seite: ADAC-Fernfahrt Heidelberg – Freudenstadt 1.7.1923: Kurt Volz vermutlich vor der Landhaus-Schule in Heidelberg mit Ehefrau Maria im Fond. Ein ÖKONOM dient als Werbe-„Kühlerfigur". Seitlich ragt ein weiterer ÖKONOM aus der Motorhaube.

Die Aktiengesellschaft

Im April 1922 gründen die neuen Direktoren die FULMINAWERK AG. Die Automobile erhalten den schlichten Markennamen „FULMINA". Bei einem Schönheitswettbewerb in Baden-Baden wird ein „blauer FULMINA mit Allwetterverdeck" prämiert und später an Fürst von Fürstenberg verkauft. Auch der Stummfilmstar Harry Piel entscheidet sich für einen glamourösen FULMINA-Sechssitzer, mit dem er bei Kino-Premieren und Filmbällen vorfährt. In Berlin, dem wichtigsten Absatzmarkt, ist Franz Müller Generalvertreter. Er und Islinger sorgen 1923 für einen fulminanten Auftritt auf der Automobilmesse in Berlin, auf der sich FULMINAWERK trotz Wirtschaftskrise und Inflation erneut präsentiert.

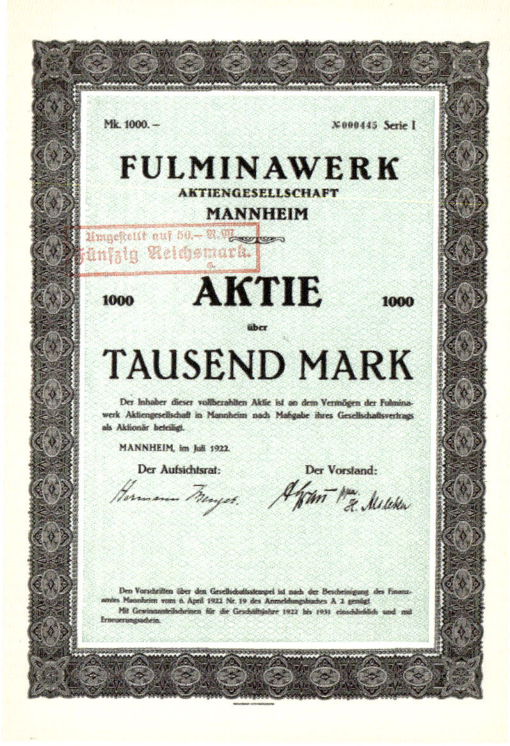

Mk. 1000.– №000445 Serie I

FULMINAWERK
AKTIENGESELLSCHAFT
MANNHEIM

Umgestellt auf 50.– R.M.
Fünfzig Reichsmark.

1000 AKTIE 1000

über

TAUSEND MARK

Der Inhaber dieser vollbezahlten Aktie ist an dem Vermögen der Fulminawerk Aktiengesellschaft in Mannheim nach Maßgabe ihres Gesellschaftsvertrags als Aktionär beteiligt.

MANNHEIM, im Juli 1922.

Der Aufsichtsrat: Der Vorstand:

Den Vorschriften über den Gesellschaftsstempel ist nach der Bescheinigung des Finanzamtes Mannheim vom 6. April 1922 Nr. 19 des Anmeldungsbuches A 2 genügt.

Mit Gewinnanteilscheinen für die Geschäftsjahre 1922 bis 1931 einschließlich und mit Erneuerungsschein.

Sternfahrt Nürnberg • 23. August 1921

Fulmina III. Preis

Kurt Volz-Heidelberg siegt auf normalem Serientourenwagen **FULMINA, 9/27 PS,** mit 4 Personen Belastung und großem Gepäck gegen regelrechte Rennwagen und legt trotz Durchquerung des Odenwaldes und Spessarts die **375 km** lange Strecke in **7 Stunden 45 Minuten** zurück. Auf Zenithvergaser war **Brennstoffvernebler „Ökonom"**, Heidelberg, montiert, der Benzinverbrauch betrug aus diesem Grunde **nur 37 Liter.**

Fulmina *schnellster u. im Verbrauch billigster Wagen der Gegenwart!*

Fulmina-Werk G·m·b·H • Friedrichsfeld b. Mannheim

Der Ökonom

Ein besonderes FULMINA-Kapitel ist Kurt Volz aus Heidelberg. Der Doktor der Philologie ist ebenso begeisterter Motorrad- wie Autorennfahrer. Möglich, dass seine Silberplatte im Kopf von einem Motorradunfall herrührt, jedenfalls hat er seither panische Angst vor Gewittern. Volz hat einen spritsparendes Vergaserbauteil, den „ÖKONOM", erfunden und gründet eine kleine Firma in Heidelberg. Die Vorzüge seines „Brennstoffverneblers" demonstriert er bei etlichen Rennen mit einem umgebauten FULMINA und sein roter Flitzer ist in Heidelberg bald stadtbekannt. Der ÖKONOM hat anfänglich großen Erfolg mit Vertretungen in ganz Europa. Volz möchte seine Erfindungen durch FULMINA verwerten lassen, aber die Verhandlungen bleiben ergebnislos.

Voll in die Bremsen

Der Legende nach ist Monsieur Calvignac, Vertreter der französischen PERROT-Bremsen, auf dem Weg zu Lizenzverhandlungen in Heidelberg, als er durch eine Autopanne in der Nähe der FULMINAWERK-Fabrik zum Stehen kommt. Zufällig fährt Müller vorbei und kann helfen, schließlich kennt sich der gelernte Schmied und Werkstattbesitzer mit Reparaturen gut aus. Durch den Schaden am Wasserschlauch kommen sie ins Gespräch und Müller kann Calvignac davon überzeugen, seine Reise abzubrechen, um mit FULMINAWERK zu verhandeln. Viele Zufälle. Sicher ist jedoch, dass Müller immer mehr an Einfluss in der Firma gewinnt und FULMINAWERK nach fast einem Jahr Verhandlung die Lizenz für PERROT-Bremsen erwirbt. Mit der Neuausrichtung übernimmt Müller die Geschäftsführung und löst Grau ab. Technischer Direktor wird Karl Josef Münz, Konstrukteur des MAUSER-Sportwagens. Die Neuausrichtung bietet große Möglichkeiten, bedeutet aber auch hohe Investitionen.

Ein FULMINA 10/30 mit Aluminium-Karosserie und Kühlerschutzhaube

DRAUZ Interieur Variante mit Bordtelefon

Die Ölfeuerungssparte wird abgespalten. Pfeil erwirbt seine Abteilung und gründet in Edingen die „ÖLFEUERUNGSWERK FULMINA GmbH". Grau wird dort Geschäftsführer, macht sich aber bald selbständig und entwickelt die „Graubremse" für Fahrzeug-Anhänger. Seine Heidelberger Firma AUGUST GRAU wird ebenfalls erfolgreich. Die neuausgerichtete FULMINAWERK erregt auf der Automobilmesse 1924 großes Aufsehen mit ihren PERROT-Bremsen.

Auch FULMINA-Fahrzeuge werden ausgestellt mit „ihrer peinlich exakten Durchbildung und geschmackvollen Ausführung ... von besonderem Interesse ist eine abnehmbare Limousine auf 10/30-Fahrgestell mit Aluminiumhaube und schwarzem Lederüberzug...Ein viersitziger Sportwagen (Typ „Taube") in Dunkelgrau und Naturholzspiegel findet viel Anerkennung. Der 10/50 ist durch eine dunkelrote abnehmbare Limousine wirkungsvoll vertreten, während vom stärksten Typ zu 16/60 PS je ein Fahrzeug mit sechssitziger olivgrüner Allwetter Karosserie versehen und eins als hellbraune, ebenfalls sechssitzige Pullmann-Limousine karossiert ist".

Der Schein trügt, die Automobilwelt hat sich geändert. Günstige Serienfahrzeuge führen zu einem Preisverfall, der die ganze Branche in Bedrängnis bringt. FULMINA-Automobile haben zudem keine nennenswerten technischen Neuerungen vorzuweisen, mit Ausnahme der Bremsen und des verbesserten 10/50-Motors, der noch auf Grau zurückgeht. Münz beginnt mit der Entwicklung eines einsitzigen Fahrzeugs für gehbehinderte Kunden. Das Projekt wird jedoch wieder eingestellt. Die Messe-Kritik im darauffolgenden Jahr ist entsprechend vernichtend: *„... ihre bekannten 10/30-PS- und 16/50-Wagen, an denen seit den letzten Jahren keine wesentlichen Veränderungen vorgenommen worden sind."*

Oben: Das ÖLFEUERUNGSWERK FULMINA in Edingen 1927 mit Schmelzöfen für die Turiner FIAT und SPA fertig zum Transport.

Rechts: das „FP"-Friedrich-Pfeil-FULMINA-Logo und das Firmenzeichen von GRAU.

Ein Ruck – Ihr Wagen steht

Zum Glück hat sich FULMINAWERK umorientiert, denn als reine Automobilbaufirma könnte sie nicht mehr lange bestehen. Bis vollständig auf die Bremsen-Produktion umgestellt ist, werden Lohnarbeiten übernommen, z.B. für FORD, VÖGELE und RÖHR aus Ober-Ramstadt. Der Aufbau einer Serienproduktion übersteigt aber offenbar die Möglichkeiten der Firma. Anfang 1926 wird die Bremsen-Fertigung in eine eigene Gesellschaft ausgelagert. Dazu wird die DEUTSCHE PERROT-BREMSE GmbH gegründet als „Gemeinschaftswerk der Firmen FULMINAWERK AG, HEINRICH LANZ AG und STAHLWERKE RÖCHLING BRUDERUS AG". Der „Motor" schreibt über ihren Auftritt bei der Automobilausstellung:

„Die Perrot-Bremse hat in den wenigen Jahren ihres Bestehens den Weltmarkt buchstäblich mit Riesenschritten erobert." Keine Rede mehr von Luxus-Limousinen.

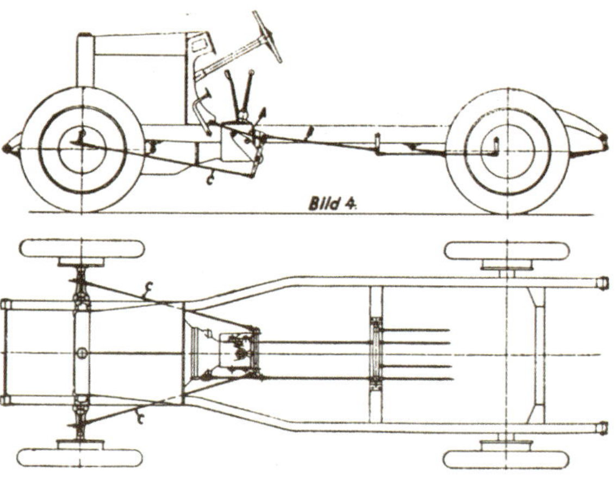

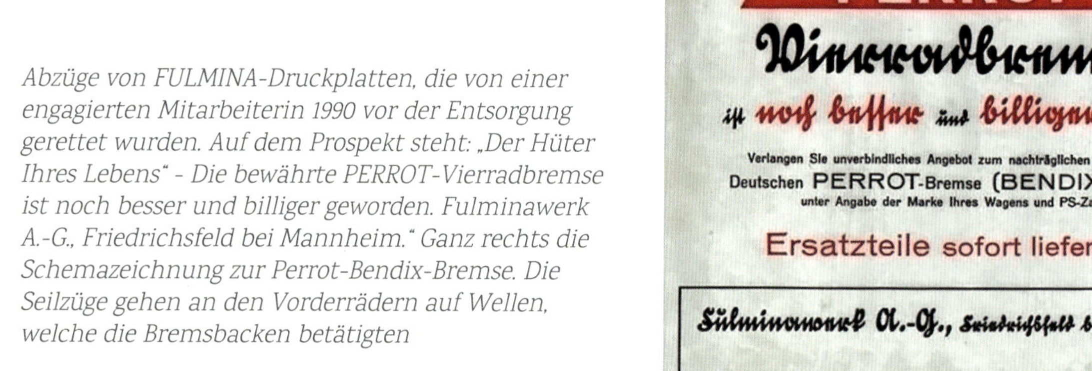

Abzüge von FULMINA-Druckplatten, die von einer engagierten Mitarbeiterin 1990 vor der Entsorgung gerettet wurden. Auf dem Prospekt steht: „Der Hüter Ihres Lebens" - Die bewährte PERROT-Vierradbremse ist noch besser und billiger geworden. Fulminawerk A.-G., Friedrichsfeld bei Mannheim." Ganz rechts die Schemazeichnung zur Perrot-Bendix-Bremse. Die Seilzüge gehen an den Vorderrädern auf Wellen, welche die Bremsbacken betätigten

Der ehemalige 10/30-FULMINAWERK-Direktionswagen 1926 mit einer „Aufsetz-Karosserie von DRAUZ, schwarzen Ledersitzen, Aluminium-Motorhaube und FULMINA-PERROT-Bremsen" Im Detail erkennt man gehämmertes Blech für die Motorhaube und Seitenschweller. Die Radmuttern haben die FULMINAWERK FW" -Prägung. Ansonsten ein prima Spielplatz.

Ein stolzer FULMINAWERK 16/45 mit DRAUZ-Karosserie und aufgesteckten Celluloidscheiben.

Marken von heute

Global Player

Die große Zeit der prächtigen Friedrichsfelder Luxus-Automobile ist endgültig vorüber. Den wohl letzten Wagen mit der Seriennummer 691 meldet FULMINAWERK selbst an. An den insgesamt zwei verbliebenen Werkswagen werden Versuche mit eigenentwickelten Schwingachsen durchgeführt, die jedoch erfolglos bleiben. Der letzte bekannte FULMINA wird 1955 in Gaiberg bei Heidelberg verschrottet. Die „FRIEDRICH PFEIL FULMINA“ gibt es schon seit 1974 nicht mehr. Aber ZF-WABCO und HALDEX, beides Global Player für Nutzfahrzeug-Bremssysteme, tragen noch FULMINA-Gene in sich. Die WABCO-Radbremsen GmbH entwickelt und produziert heute noch Bremssysteme in Mannheim-Friedrichsfeld und „GRAU“ existiert weiter als Markenname bei HALDEX.

AUDIWERKE A.G.
ZWICKAU
i. S.

UNIONWERKE

Neckarau macht Autobau- BRAVO!

Die Bierwerker

Die Welt der UNIONWERKE AG sind Brauereifilter, Abfüll- und Flaschenreinigungsanlagen. Daraus hat sich ein großes Unternehmen in Mannheim und Berlin entwickelt. Fast alles wird selbst hergestellt. Der Haupt-Standort in Mannheim-Neckarau, Neckarauerstr. 150-162, verfügt über eine eigene Gießerei, Schmiede, Dreherei, Schlosserei bis hin zur Malerei und Montage. Als der Erste Weltkrieg ausbricht, muss auch die UNIONWERKE AG auf Kriegsproduktion umstellen. In einer Abteilung wird die Reparatur und Instandsetzung von Armeefahrzeugen aufgenommen. Der Bedarf an Transportmitteln wird im Kriegsverlauf aber immer größer und die Inspektion der Verkehrstruppen ersucht die UNIONWERKE, den Lastwagenbau aufnehmen. Die UNIONWERKE lassen sich das lukrative Geschäft nicht entgehen und stellen den Ingenieur Friedrich („Fritz") Hoyler ein, der zuvor bei dem Schweizer Lastwagenhersteller SAURER am Bodensee tätig war.

UNIONWERKE AG Direktion 1913 – Karl Bauer und Benno Danziger; unten das Firmengelände in Neckarau.

Der Chefkonstrukteur entwickelt in erstaunlich rascher Zeit einen Lastwagen nach Vorgaben der Heeresverwaltung („Subventionstyp"), sogar mit einem selbst konstruierten Vierzylinder-Motor. Der Wagen hat Kettenantrieb und Vollgummireifen und ist für vier Tonnen Last ausgelegt. Mitte 1915 kann mit den Tests begonnen werden. Der „Motorfahrer" kommentiert: *„Der Probewagen hat dank seiner hervorragenden Bauart und des zur Verwendung gebrachten erstklassigen Materials die schwierigsten Probefahrten, sowohl auf freiem Gelände, als auch auf steilen Gebirgsstraßen mit bestem Erfolge bestanden."* Wenig später beginnt die Fabrikation *„in großem Umfange"*. Die Lastwagen bewähren sich im Einsatz. Im *„Fahrzeug"* von 1917 ist zu lesen:

„Die Heeresverwaltung hat die gesamte Produktion beschlagnahmt und laufende Aufträge bis Ende nächsten Jahres erteilt, was wohl das beste Zeugnis für die Güte und Brauchbarkeit der Unionwagen sein dürfte."

Mitte 1917 produzieren die UNIONWERKE auch Flugzeugmotoren und große Dampf-Straßenwalzen für die RHEMAG. Mit dem Kriegsende hat die UNIONWERKE statt voller Auftragsbücher etliche Fahrzeuge, die vom Heer nicht mehr abgenommen werden. Die Konstruktion ist zudem in der Kritik, den SAURER-Modellen

Oben: Ein Unionwerke Armee-Lastwagen im Einsatz. Daneben Parade vor der Mannheimer Feuerwache 1916. Darunter das Mannheimer „Wolfsangel"-Symbol, gleich in doppelter Ausführung, und Werbung von 1920

zu ähneln. Aber das ist unerheblich, da Mitte 1919 die Produktion der Mannheimer Lastwagen aufgegeben wird und Hoyler zu KRUPP wechselt. Der Abverkauf zieht sich hin. Die UNIONWERKE stellen wieder auf Brauereitechnik um, geben den Automobilbau aber nicht völlig auf. Das Unternehmen möchte am boomenden Kleinwagenmarkt in Deutschland teilhaben, der große Gewinne verspricht. Es ist die große Stunde von Ingenieur Hans Birk, der schon während des Krieges an der Lastwagenkonstruktion beteiligt war.

Klein, aber BRAVO

Mit dem „Klein-Auto", das Birk 1919 in der „Abteilung Kraftwagenbau" plant, hat man Großes vor. Die Rede ist von einem „Volksauto", das „mit moderner Serienfabrikation hergestellt werden soll." Der Wagen ist für 1-2 Personen ausgelegt, mit hintereinander angeordneten Sitzen. Über ein Jahr wird entwickelt und getestet, bis die Unionwerke den Wagen aus Neckarau auf der internationalen Frankfurter Messe präsentieren. Die Allgemeine Automobilzeitung schreibt dazu im November 1920:

„Die Union-Werke haben das Union-Kleinauto „Bravo" herausgebracht von 4/10 PS mit auswechselbaren Rädern und nur einem Meter Spurbreite. Der Motor ist zweizylindrig und wassergekühlt. Schalt- und Bremshebel befinden sich im Wageninnern. Das spornartige Hinterteil, welches ungünstigen Luftwirbeln vorbeugen soll, ist zur Aufnahme von Gepäck eingerichtet. Der Konstrukteur glaubt, bei der Stärke des Motors und dem Gewicht von nur 500 kg mit drei Vorwärtsgängen alle Steigungen bewältigen zu können. Der Preis beträgt einschließlich Umsatzsteuer ausschließlich Bereifung 50 000 M."

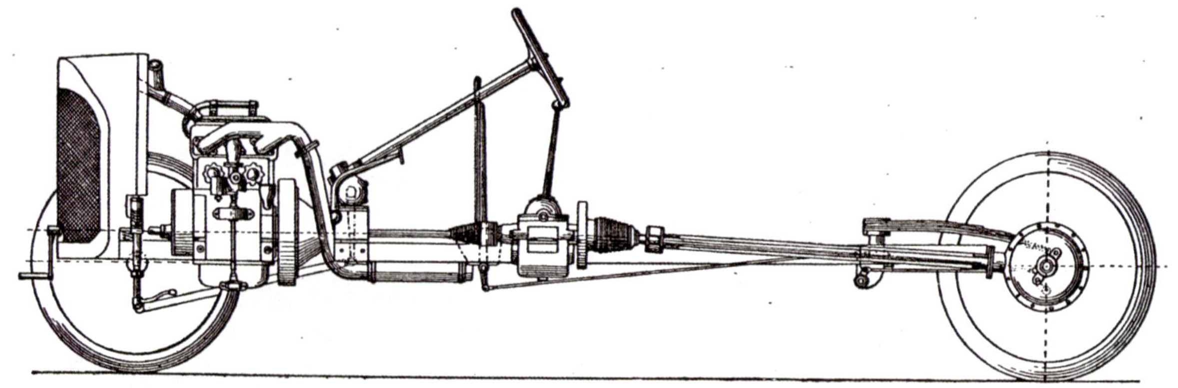

4-Zylinder BRAVO mit aufgeklapptem „Schwiegermuttersitz" und darunter die technische Zeichnung des BRAVO 4/10-2-Zylinder

Trotz der bereits anziehenden Inflationsrate ist das ein ziemlich hoher Preis für ein „Volksauto". Etwas später wird ein 4-Zylinder-Motor verwendet, der den Kleinwagen aber auch nur auf 65 Stundenkilometer bringt. Auch eine 4-Sitzer-Variante ist im Angebot, was sicher eine ziemlich enge Angelegenheit ist und *„als Sonderheit des Wagens ist zu bemerken, dass derselbe Linkssteuerung hat, demzufolge Schalt- und Bremshebel in der Mitte liegen"*. Kaum zu glauben, aber mit den Bravos werden auch Rennen gefahren. Ein Herr „X" aus Mannheim schafft es beim Königstuhl-Bergrennen 1921 sogar in die überregionale Werbung mit einem zweiten Platz in seiner Klasse.

Eher gemütlich geht es bei der Fahrt nach Freudenstadt im Rahmen des Baden-Badener Autoturniers zu. Direktor Danziger nimmt persönlich mit einem BRAVO teil, ebenso ein Hr. Rößler. In ihrer Klasse fährt viel Prominenz mit, wie Friedrich Sigismund, Prinz von Preußen. Bei der Deutschen Automobilausstellung 1921 in Berlin soll der Neckarauer Kleinwagen überregional bekannt gemacht werden. Auf dem Unionwerke Stand ist er wohl aber gar nicht mehr das Hauptthema.

Ein Monat zuvor wurde nämlich verkündet, dass die Unionwerke künftig BUGATTI-Lizenzwagen herstellen. Aber das ist eine andere Geschichte, die der RABAG.

Union-Werke A.-G. Maschinenfabriken
Bravo-Union-Klein-Auto
☎ 6809-12 Neckarauerstr. 150-162

Sogar als Transportwagen gibt es den BRAVO. Hier im Einsatz der Unionwerke-Tochter „Siegerin-Goldmann-Werke Mannheim".
Links: Auszug aus einer SOLEX Werbung mit den Rennresultaten vom 7.10.1921

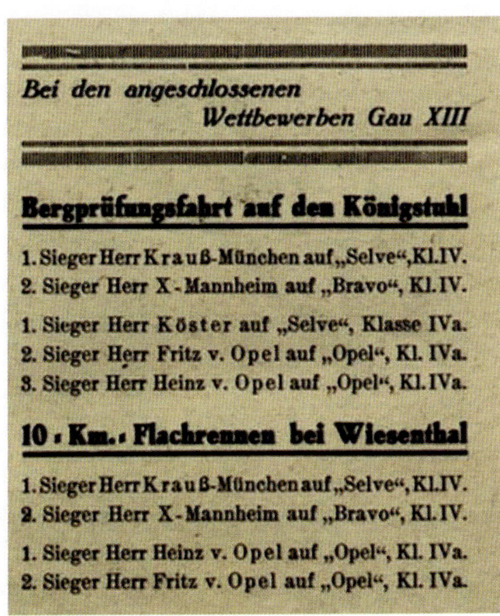

Bei den angeschlossenen Wettbewerben Gau XIII

Bergprüfungsfahrt auf den Königstuhl

1. Sieger Herr Krauß-München auf „Selve", Kl. IV.
2. Sieger Herr X-Mannheim auf „Bravo", Kl. IV.

1. Sieger Herr Köster auf „Selve", Klasse IVa.
2. Sieger Herr Fritz v. Opel auf „Opel", Kl. IVa.
3. Sieger Herr Heinz v. Opel auf „Opel", Kl. IVa.

10-Km.-Flachrennen bei Wiesenthal

1. Sieger Herr Krauß-München auf „Selve", Kl. IV.
2. Sieger Herr X-Mannheim auf „Bravo", Kl. IV.

1. Sieger Herr Heinz v. Opel auf „Opel", Kl. IVa.
2. Sieger Herr Fritz v. Opel auf „Opel", Kl. IVa.

Im Zeichen der Mannheimer Wolfsangel: der BRAVO, hier als Viersitzer mit Kuschelqualitäten (Emblem rekonstruiert)

AUTOMOBILFABRIK
PERL A.G.
WIEN-LIESING
3/14 PS Perl-Kleinauto
vierzylindrig / wassergekühlt / dreisitzig
Fabrik: Liesing bei Wien
Zentralbüro: Wien I. Friedrichstrasse 4 — Verkaufslokal: Wien I. Burgring 1
Vertretungen:
England The Perl Car Concessionaires, London, Piccadilly Circus, W. I. 9, Sherwood Street, Stanley House
Tschechoslovakei Hugo Freund, Pardubitz
Jugoslavien Gebrüder Loser, Gotschee

„Pavi" Leichtauto
Paul Victor Willke
Automobilwerk
Berlin-Reinickendorf-West 3
„Pavi"-Leichtauto Type PV III - Viersitzer 6/18 P.S.

RABAG

Große Namen und ein Wirtschaftskrimi

Ettore Bugatti startet mit seiner DEUTZ-Konstruktion beim Prinz Heinrich Rennen 1909. (Emblem rekonstruiert)

Es war einmal in Köln

1909 trennt sich die Kölner Deutz AG von ihrem Chefingenieur Ettore Bugatti, einem der fähigsten Automobilkonstrukteure seiner Zeit. Der Vertrag mit DEUTZ hatte Bugatti ein eigenes Konstruktionsbüro zugestanden, und so war im Keller seines Kölner Mietshauses ein kleiner, leichter Sportwagen entstanden, den er nun in Serie fertigen will. Die Konstruktion muss aber erst einmal demontiert werden, um sie aus dem Keller zu bekommen. Mit einer hohen Abfindung und der Hilfe eines befreundeten Bankiers gründet Bugatti seine eigene Firma im Elsässischen Molsheim, das zum Deutschen Kaiserreich gehört. Die Produktion kann sich anfangs nur über Zusatzeinkünfte aus Lizenzen tragen, was sich aber bald ändert. Beim französischen Grand Prix 1911 setzt sich seine Leichtbaukonstruktion gegen weitaus stärkere Rennwagen durch und kommt spektakulär auf den zweiten Platz. Derartige Rennerfolge machen die Marke BUGATTI bereits vor dem Ersten Weltkrieg recht bekannt.

Der erfolgreiche BUGATTI 1911 in deutschem Rennweiß.

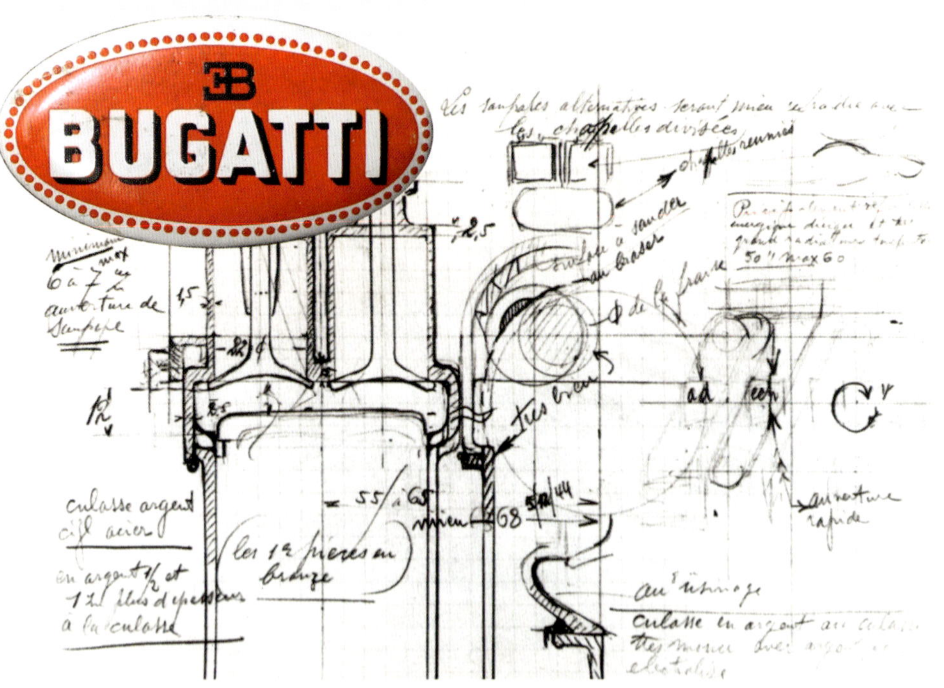

Oben: Ettore Bugatti nach dem Sieg in Le Mans 1920
Links: Bugatti-Konstruktionsskizze und Emblem

Bei Kriegsausbruch lässt Bugatti sein Werk schließen, um nicht von der deutschen Rüstungsindustrie vereinnahmt zu werden. „Le patron“ emigriert nach Paris, wo er leistungsstarke Flugmotoren entwickelt, die er in Lizenz verkauft. Nach Kriegsende erholt sich die mittlerweile französische Molsheimer Firma erstaunlich schnell - „Le Pur-Sang des Automobiles“, der „Vollblüter unter den Automobilen“. Bugatti ist selbst begeisterter Reiter und weiß, was seine wohlhabende Kundschaft anspricht. Im Angebot sind die überarbeiteten Vierzylinder-Vorkriegsmodelle :

- T13, ein echter Rennwagen
- T22, der Sportwagen
- T23, der Allrounder

Es sind echte Siegertypen: 1920 gewinnt ein T13 den „Grand Prix de Voiturettes“ in Le Mans und im Folgejahr kommt es in Brescia sogar zu einem Vierfachsieg. Daher bekommen die Modelle auch den Beinamen „Brescia“. Bugatti plant bereits stärkere Motoren mit acht Zylindern. Um das finanzieren zu können, möchte er Lizenzen für die aktuelle Serie verkaufen. Eine Partnerschaft mit der Italienischen DIATTO bringt aber nicht den gewünschten Umsatz und die Suche nach weiteren Lizenznehmern gestaltet sich schwierig. Da bahnen sich erste Gespräche mit einem deutschen Interessenten an.

Der siegreiche T13-Wagen in französischem Rennblau und mit dem charakteristischen birnenförmigen Kühler

Die RABAG-Idee

Hans Birk hat es in den Nachkriegswirren geschafft, für die Neckarauer UNIONWERKE den neuen BRAVO-Kleinwagen auf die Beine zu stellen und 1920 auf der Frankfurter Messe zu präsentieren. Doch der Ingenieur verfolgt längst ein ganz anderes Ziel für seine Automobilabteilung. Die UNIONWERKE verhandeln nämlich mit einem Düsseldorfer Konsortium, um BUGATTI-Lizenzwagen herzustellen. Treibende Kraft in Düsseldorf ist Richard Funke von der GEBRÜDER FUNKE AG in der Oberbilker Allee 167. Der Zahntechnikhersteller war im Ersten Weltkrieg ins Lastwagengeschäft eingestiegen und befindet sich in einer ähnlichen Situation wie die UNIONWERKE. Es ist leider nicht bekannt, wie es zur Beziehung BUGATTI-FUNKE und UNIONWERKE kommt, aber sehr wahrscheinlich haben Birk und der Düsseldorfer BUGATTI-Vertreter und -Rennfahrer Alfred Noll die Finger mit im Spiel. Die BUGATTI-Lizenz verlockt die Vorstandsetagen in Düsseldorf und Mannheim. Man einigt sich schließlich darauf, zwei Aktiengesellschaften zu gründen: Düsseldorf erwirbt die Lizenz und übernimmt den Vertrieb sowie den Karosseriebau. (RABAG, Rheinische Automobilbau Aktien Gesellschaft, mit Hauptstandort Emmastraße 25, neben dem Firmengelände der Gebrüder Funke AG). Mannheim produziert die Chassis samt Motoren in den Hallen der UNIONWERKE, Neckarauerstraße 138-148 und 195-201 (Automobilbau-Aktien-Gesellschaft-Deutsche Gesellschaft für die Lizenz E. Bugatti).

Bugattis aus Neckarau

Kurz nach der Veröffentlichung des Vorhabens präsentieren die UNIONWERKE auf der Deutschen Automobilausstellung 1921 ihren BRAVO-Kleinwagen und müssen sicher viele Fragen zum neuen BUGATTI-Projekt beantworten. Die Produktionsvorbereitungen für den RABAG laufen währenddessen auf Hochtouren. Im Unterschied zu anderen BUGATTI-Lizenznehmern, wie DIATTO oder CROSSLEY, werden keine Original-Motoren oder -Teile von BUGATTI verwendet, sondern alles in Eigenregie gefertigt. Es handelt es sich also tatsächlich um „Bugattis aus Neckarau". Als Vorlage dient der Bugatti T22, der nun als RABAG Typ 6/20 nachgebaut wird. Dabei weicht er an einigen Stellen von seinem Vorbild ab, bis hin zu modifizierten Motorgussformen. Als Besonderheit wird eine in der Höhe verstellbare Lenksäule konstruiert. Es dauert einige Monate, bis es mit der Fertigung losgehen kann. In der Zwischenzeit sollen die Einnahmen über den Verkauf von Original-BUGATTI-Fahrzeugen kommen. Die Lizenz umfasst nämlich nicht nur den Nachbau, sondern auch die Exklusiv-Verkaufsrechte für die „4-Zylinder-"BUGATTI in Deutschland und einigen Nachbarländern. Aber da gibt es eine böse Überraschung. So kurz nach dem Krieg werden französische Wagen in Deutschland kaum nachgefragt. RABAG hält sich über Wasser mit dem Vertrieb von Fahrzeugen der DAK (Deutscher Automobil Konzern).

Links:
„Zur Erinnerung an die Testfahrt des ersten Rabag-Bugatti" soll auf dem Kühler-Fähnchen gestanden haben: die RABAG-Entscheider und Birk (3. v. l).

Unten: Rekonstruiertes Emblem

September 1922 ist es dann endlich soweit - die ersten Neckarauer Vollblut-Fahrgestelle sind fahrbereit. Ein starker Auftritt. Mit der niedrigen Steuerklasse ist die Spitzengeschwindigkeit von 100 Stundenkilometern eine echte Ansage. Die zeitgenössische Presse lobt die Technik und das Fahrverhalten des Sportwagens:

„Das Chassis ist infolge seiner niedrigen Bauart und der Federnanordnung äußerst bodenbeständig, was sich beim Kurvennehmen angenehm bemerkbar macht. Die Vorderräder stehen sehr stark auf Sturz, wodurch wiederum ein leichtes Lenken bewirkt wird, da der Wagen das Bestreben hat, in der geraden Richtung zu bleiben. Die hohe Leistung des Motors und besonders die Fähigkeit, schnell auf Touren zu kommen, wie auch seine Elastizität, machen den Wagen zu einem außergewöhnlich guten Bergsteiger", so die *„Allgemeine Automobil-Zeitung"*. Äußerlich unterscheiden sich die RABAG-Fahrzeuge von den BUGATTI-Modellen insbesondere durch den schmaleren Kühler mit einer angedeuteten Nase und natürlich durch das RABAG-BUGATTI-Emblem.

Lediglich mit Notsitzen ausgestattet, werden die fertigen Fahrgestelle auf eigener Achse nach Düsseldorf überführt. Ziel ist der Karosseriebetrieb Benedikt Rogg & Co (Düsseldorf, Nordstraße 103), der seit Kurzem zu RABAG gehört. Dort erhält der Wagen eine Sportwagen- oder eine Viersitzer-Karosserie. Insbesondere bei Sportwagen-Kunden ist es üblich, nur das Fahrgestell zu kaufen, um es dann beim Karosseriebetrieb der Wahl individuell aufbauen zu lassen. Und so kommt es, dass Rogg wohl nicht immer zum Zug kommt und RABAG-Fahrzeuge häufig völlig unterschiedlich aussehen.

Rogg it
Die Werbeabbildungen zeigen wohl Rogg-Kreationen.

Rheinische Automobilbau Aktien-Gesellschaft
Deutsche Gesellschaft für die Licenz E. Bugatti (Rabag)

Mk. 1000.-

AKTIE

Der Inhaber dieser Aktie ist bei der obenbezeichneten Gesellschaft mit dem Betrage von

EINTAUSEND MARK

mit allen statutenmäßigen Rechten als Aktionär beteiligt. – Düsseldorf, den 9. Juni 1923

RHEINISCHE AUTOMOBILBAU AKTIEN-GESELLSCHAFT
DEUTSCHE GESELLSCHAFT FÜR DIE LICENZ E. BUGATTI
(RABAG)

Der Aufsichtsrat: Der Vorstand:

Vertreten auf der
Deutschen Automobil-Ausstellung Berlin 1923
STAND 55
gegenüber dem Restaurant Ausstellungshalle
am Kaiserdamm

Juli-August 1923
Erste Ausstellungs-Nummer
MOTOR
DEUTSCHE AUTOMOBIL-AUSSTELLUNG
BERLIN 1923

An den Aufbauten der Hamburger Traditionsfirma SACHS & SOHN, die heute noch existiert (Pferdemarkt 27), kann man gut sehen, wie verschieden die Kundenwünsche ausfallen können. Beide Wagen haben das gleiche RABAG-Chassis. Der dunkle Wagen ist eher im Stil eines modernen Rumpler-Tropfenwagens gehalten, der damals sehr viel Aufmerksamkeit erregt hat. Daneben eine formschöne Version mit Kühlerfigur. Die Figur sagt übrigens nichts über den Hersteller aus, sondern ist lediglich beliebtes Accessoire in den Zwanzigern, vom Dackel bis zur fliegenden Elfe. Die mittlerweile galoppierende Inflation hinterlässt ihre Spuren bei RABAG. Die beiden Gesellschaften fusionieren und RABAG bedeutet jetzt „Rheinische Automobilbau-Aktiengesellschaft Deutsche Gesellschaft für die Licenz E. Bugatti".

Es ist eine verrückte Zeit. Mit der Ruhrbesetzung müssen die Fahrzeuge versteckt werden, um einer Beschlagnahmung durch französische Truppen zuvorzukommen. Der Verkauf wird dennoch forciert, es gibt Vertretungen in Deutschland, Holland und Österreich. Die Firma präsentiert sich 1923 auf der „Tentoonstelling van Automobilen" in Amsterdam. Auch auf der Deutschen Automobilausstellung ist RABAG mit drei Exemplaren vertreten, die *„den zahlreich sich einfindenden Besuchern vorgeführt werden. Die hochinteressanten technischen Einzelheiten dieses bekanntlich ungemein leistungsfähigen Bugatti-Wagens werden an dem peinlich sauber ausgeführten Ausstellungs-Chassis aufs Beste veranschaulicht."*

Die Bergmeister

RABAG beteiligt sich an unzähligen Rennen und ist Anfang der Zwanziger in seiner Klasse fast nicht mehr zu schlagen. Insbesondere bei Bergrennen hat der leichte, wendige Wagen die Kühlernase vorn. RABAG-Betriebsleiter Birk nimmt persönlich an unzähligen Rennveranstaltungen teil und legt eine regelrechte Sieges-Serie hin. Beim Solitude Bergrennen 1923 ist er sogar schneller als der BENZ-Grand-Prix-Tropfenwagen. Gelegentlich ist er auch auf einem speziell hergerichteten BUGATTI T13 unterwegs, der dennoch als RABAG angemeldet wird. Birk wird beim Österreichischen Semmering-Bergrennen verletzt, was ihn aber nicht davon abhält, wenig später wieder zu starten. Auch in „echten" Rennen kann er sich gut behaupten, wie beim spannenden Taunus Kleinautorennen 1924, das er nach sechs Stunden gewinnt. Aber es gibt noch viele weitere RABAG-Piloten. Zum Beispiel Alfred Noll aus Düsseldorf, der die RABAG-Siegerqualitäten in unzähligen Rennen demonstriert. 1925 wird er im Siebengebirge „Wagenbergmeister" und ist schneller als jeder BUGATTI oder MERCEDES-Kompressorwagen. Für den RABAG-Vertreter Noll ist ein erfolgreiches Rennergebnis die beste Werbeveranstaltung. Auch etliche „Herrenfahrer" starten mit ihrem RABAG, so Prinz Max zu Schaumburg-Lippe oder Graf Wedel, der sich bei einem Rennen auf dem gefrorenen Wannsee vergnügt.

Noll in Dorsten; Oben: Birk nach dem Tanusrennen 1924

Semmering 1923-Birk

Schwabenberg 1923-Birk

Feldberg 1924-Birk

Taunus 1924-Birk

Rabag
Lic. Bugatti
Die rassige Sporttype
weit über 100 km Geschwindigk.
bei nur 5 Steuer-PS.
Ausgezeichnete
Stabilität auf d. Strasse
Paul Neumann
Alleinige Hersteller
des Bugatti in Lizenz
u. Alleinvertrieb durch
RABAG
LIC.
BUGATTI
Rhein. Automobilbau AG
„ RABAG "
Düsseldorf, Emmastr. 25

Rabag
Lic. E. Bugatti
Der Vollblüter
6/20 PS
Ausgezeichnete
Stabilität a. d. Strasse
Paul Neumann
RABAG
LIC.
E. BUGATTI
Rhein. Automobilbau AG
„RABAG"
Deutsche Gesellschaft für die Licenz E. Bugatti
Düsseldorf Werk in Mannheim

Der rassige 6/20 PS Vollblut

RABAG

LIC.

BUGATTI

RHEINISCHE AUTOMOBILBAU-ACTIENGESELLSCHAFT „RABAG"

Deutsche Gesellschaft für die Lizenz E. Bugatti

DÜSSELDORF — MANNHEIM

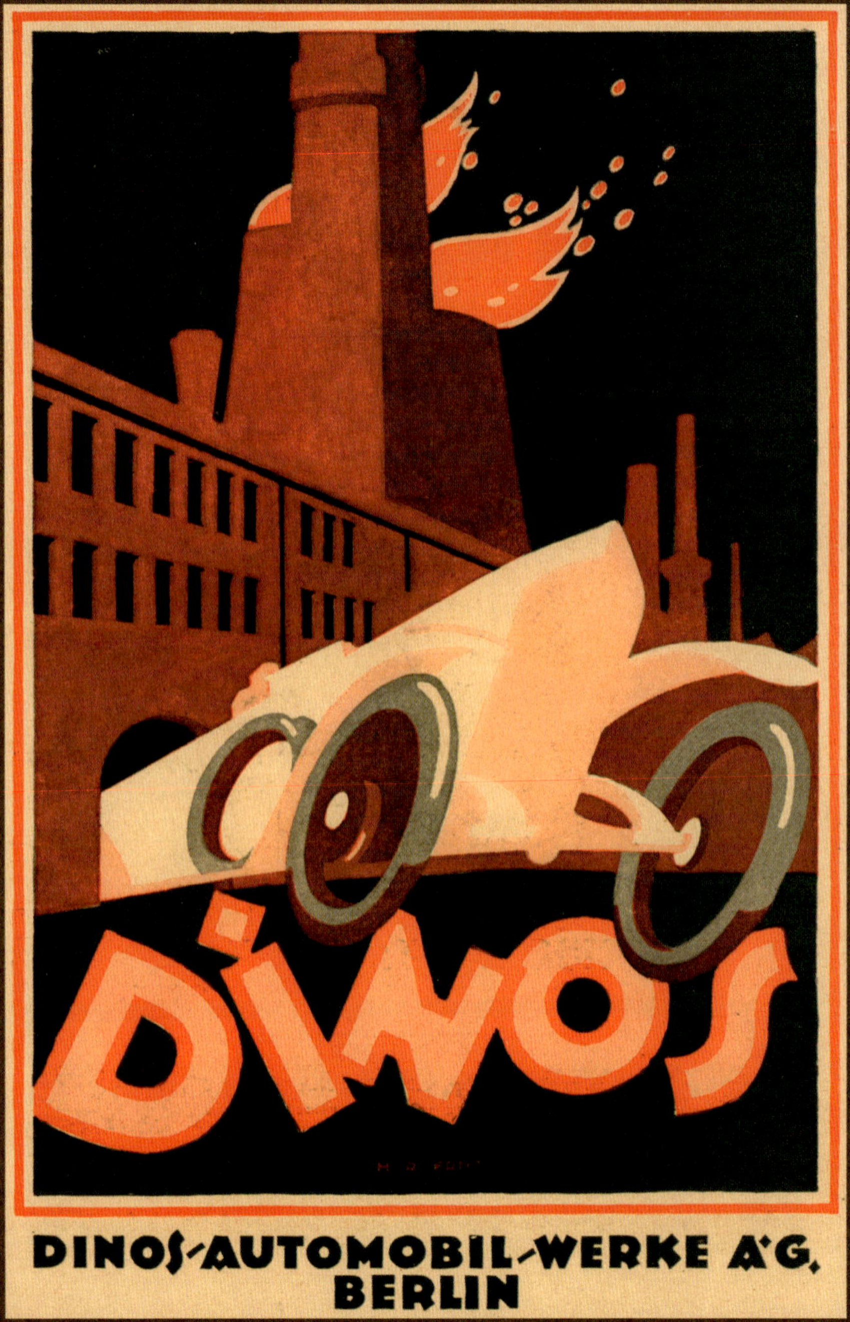
DINOS
DINOS-AUTOMOBIL-WERKE A.G.
BERLIN

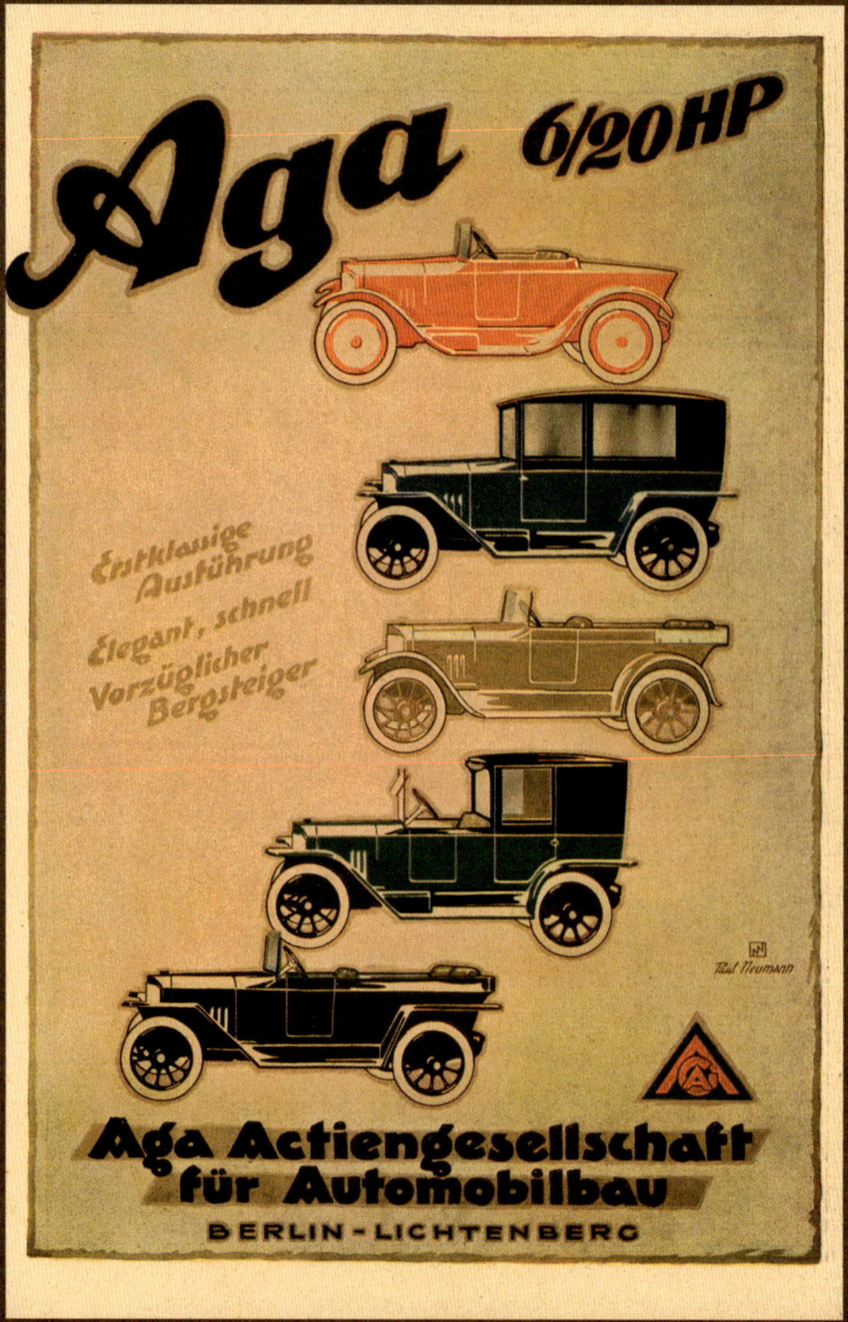
Aga 6/20 HP
Erstklassige Ausführung
Elegant, schnell
Vorzüglicher Bergsteiger
Paul Neumann
Aga Actiengesellschaft für Automobilbau
BERLIN-LICHTENBERG

Stinnes

RABAG ruft den reichsten Mann Europas auf den Plan: Hugo Stinnes. Seine Firmenstrategie besteht darin, dass „geschickt geleitete Rohstoff- und Verfeinerungswerke in ihrer Vereinigung sehr viel mehr verdienen können.“ Soll heißen: ein Imperium über die ganze Kette vom Rohstoff wie Kohle, Eisenerz über Stahlwerke bis hin zu Autofabriken. Er sorgt sogar für die erste ausschließliche Autostraße der Welt, die AVUS. Zu seinem Firmen-Imperium gehört bereits AGA, eine der wenigen deutschen Autofirmen, die damit begonnen haben, auf Serienproduktion umzustellen. In Kombination mit Nutzfahrzeugen und Luxus-Limousinen der DINOS hat Stinnes die Angebotspalette schon recht breit gestreut. Fehlt nur noch eine schillernde Sportwagen-Marke, ein Glanzlicht, welches das Markenportfolio nach oben abrundet. „Geheime Chefsache, nur der Vorstand ist involviert. 6 Marken werden vorgeschlagen, nach 20 Minuten ist es entschieden: Kauft Bugatti!“

Diese Geschichte hat sich genau so zugetragen, nur nicht bei Stinnes, sondern 75 Jahre später bei VW.

Hugo Stinnes übernimmt die RABAG und Robert Dunlop, Geschäftsführer bei DINOS, bekommt dort einen Posten im Aufsichtsrat.

Links: Stinnes mit Tochter Clärenore, die sich auch als Rennfahrerin einen Namen macht.
Mit dem Auto umrundet sie die Welt in zwei Jahren und wird zum Frauenidol der Zwanziger.

Rechts: Robert Dunlop, ein entfernter Verwandter der Reifendynastie, hier beim Semmering-Rennen 1923 mit einem DINOS. Er brachte Clärenore Stinnes zum Rennfahren und kannte Ettore Bugatti seit seiner Zeit bei DEUTZ sehr gut.

Die RABAG-Standorte: links: Düsseldorf, Emmastraße 25 (mit Mops)
rechts: Mannheim, Neckarauerstr. 138-148/ Tor Hasenackerstr. 9 (wurde im April 2022 abgerissen)

Doch dann wird Hugo Stinnes plötzlich sterbenskrank. Im letzten Gespräch mit seiner Tochter Clärenore beschwert er sich über die Regierung, die mit ihrer Luxussteuer nicht verstehe, dass das Auto ein Massenartikel ist, den sich eines Tags jeder Arbeiter leisten könne. Das Auto als Vehikel einer neuen Wohlstandswelt. Stinnes, der Autovisionär. Er stirbt im April 1924. Im Mannheimer Werk rumort es. Der Unmut ist nicht unbegründet. Die Verkaufszahlen bleiben deutlich hinter den Erwartungen zurück. Immer mehr unverkaufte Wagen blockieren das Mannheimer Werksgelände. Es kommt wiederholt zu Streiks und wochenlanger Belegschaftsaussperrung. Mitte Juli wird zwei Dritteln der Belegschaft vorübergehend gekündigt. Das ist auch der allgemein schlechten Wirtschaftslage geschuldet. Bei LANZ, ein paar Straßen weiter, wird sogar der gesamten Belegschaft vorübergehend gekündigt. Die Verkaufsrechte für die 4-Zylinder-Bugatti erweisen sich zudem als wertlos. Zwar werden die französischen Sportwagen wieder nachgefragt, aber BUGATTI beliefert den deutschen Markt direkt, ohne RABAG zu beteiligen. Eine Klage gegen das französische Unternehmen ist in der Nachkriegssituation aussichtslos. RABAG verklagt stattdessen einige deutsche Händler, was aber letztendlich auch nichts nutzt. In dem ganzen Durcheinander wird zumindest ein RABAG auf der Deutschen Automobilmesse ausgestellt, allerdings auf dem Stand von GASTELL.

Karosserien Aufbauten für **Omnibusse** Waggonfabrik Gebr. G. m. b. H. Mainz-Mombach **Gastell**

Es ist die Premiere des Mainzer Waggonbauers, der sich neuerdings in Karosserien versucht. Und das kommt gut an: *„...Bei einem Dreisitzer Sportphaeton auf 5/20 Rabag-Bugatti Fahrgestell gibt die bizarre, dem Chassis glücklich angepasste Form das Bild eines wirklichen Sportfahrzeuges; dieser Eindruck wird durch die rote Lackierung und rote Lederpolsterung mit dem weißen Untergestell in vorteilhafter Weise erhöht. Die Form der Kotflügel, die am Heck angebrachten Reserveräder, eine der Karosserie angepasste Verdecklage und die Stellung des Verdecks selbst zeigen, dass alles aufgeboten ist, um dem Fahrer die Freude am Fahrsport zu erhöhen"*, kommentiert der *„Motor"*.

GASTELL-RABAG der WAGGONFABRIK GEBRÜDER GASTELL GmbH in Mainz-Mombach, Hauptstraße 17-19
Unten rechts als Fotomontage auf dem heutigen Gelände

Taunus 1925- Birk

Taunus 1925- Birk

Bergrennen 1925- Noll

Siebengebirge 1925- Noll

Nach dem Tod von Stinnes kommt die Firma nicht mehr zur Ruhe. Schlimmer noch, es tobt bald ein regelrechter Wirtschaftskrimi. Das Bankenkonsortium, das die Liquidation des Stinnes-Konzerns abwickelt, verwehrt AGA Kredite und fordert von Edmund Stinnes, dem ältesten Sohn und jetzigen AGA-Eigner, schlicht die Rückgabe der AGA. Es kommt zur Eskalation. Mehrere tausend Arbeitsplätze stehen auf dem Spiel, obwohl die Firma eigentlich konkurrenzfähig ist. DINOS und RABAG werden offiziell mit AGA fusioniert und sind somit direkt von der Krise betroffen. Die Staatsbank möchte helfen, benötigt aber die Unterstützung der Geschäftsbanken. AGA muss Antrag auf Geschäftsaufsicht stellen, was einer Insolvenz entspricht. Doch die Staatsbank bleibt zögerlich, die Großbanken lehnen weiterhin kategorisch ab. Edmund Stinnes vermutet, dass seine Aktienmehrheit der Grund für die ausbleibende staatliche Unterstützung ist und überträgt der AGA-Belegschaft die Hälfte seines Aktienbesitzes. Ein einmaliger Vorgang, aber die Hilfe bleibt dennoch aus. Ende 1925 kommt es schließlich zum Konkurs der AGA und damit ist auch das Schicksal der RABAG besiegelt. Auf einem gemeinsamen Stand mit der AGA präsentiert sich die Firma ein letztes Mal bei der Berliner Automobilausstellung und stellte sogar einen neuen 6/30-Sport-Viersitzer vor als Pendant zum Bugatti T23. Wenig später eröffnet Birk, gemeinsam mit Hans Balduf, einem Ex-Geschäftsführer der RABAG, die „Birk & Balduf Automobilgesellschaft m.b.H.“ in Mannheim, Neckarauer Straße 215 -17. Sie erwerben die verbliebenen RABAG-Fahrzeugteile und Neckarau wird zur Anlaufstelle für die Reparatur und Wartung der deutschen Vollblüter. Birk gibt im wahrsten Sinne des Wortes noch einmal Gas und zeigt in etlichen Rennen die Vorzüge seines Rennwagens. Aus Restbeständen werden 1926 die letzten „Bugattis aus Neckarau“ hergestellt. Als dann die „Roaring Twenties“ ausbrechen mit ihrem großen Bedarf an repräsentativen Sportwagen, ist RABAG schon Geschichte.

Delp-Garage in Mannheim

Links: Dortmunder „Auto-Reparatur Wiechmann“ 1926. Mit dem RABAG hatte sich wahrscheinlich ein Herr Kraft beim Hohensyburg-Rennen überschlagen.

Raketen Volkhart

Kurt Volkhart sorgt noch einmal für spektakuläre Auftritte mit einem RABAG. Der erfahrene Ingenieur und Rennfahrer ist in der Szene bekannt dafür, sich Wettbewerbsfahrzeuge gerne auch auszuleihen. Vielleicht unter der Vermittlung seines Freundes Noll, der praktischerweise auch RABAG-Vertreter ist, darf Volkhart bei mehre-

ren Rennen mit einem RABAG-Familienwagen starten. Die Besitzer sind später unterwegs mit Tochter und Schulfreundin auf dem aufklappbarem „Schwiegermuttersitz", als es zu einem Motorbrand kommt. Das defekte Auto wird verkauft und mutiert möglicherweise zum Volkhart-Raketenwagen.

Der sympathische Konstrukteur ist nämlich von der DÜRKOPP-Rennabteilung zu OPEL gewechselt, um dort einen Weltrekordwagen mit Raketenantrieb zu entwickeln. Volkhart wagt nach einem erfolgreichen Test den ersten Weltrekordversuch. Fritz von Opel will dann aber die weiteren Fahrten selbst übernehmen. Volkhart trennt sich enttäuscht von OPEL und möchte sich mit einem eigenen Raketenwagen beweisen. Dazu wird sein RABAG bei BACHMANN in Barmen umgebaut. Die Pulver-Raketenbatterie wird über die Hinterachse gepackt und der Fahrersitz kommt direkt hinter die Vorderräder, um möglichst nicht abzuheben. Leider kommt er 1928 auf der AVUS nicht einmal auf hundert Stundenkilometer. Das Folgejahr bringt ihm dann aber einen rekordverdächtigen Erfolg. Er demonstriert nämlich auf dem Nürburgring als Erster - und bis heute einziger - ein Passagier-Raketenfahrzeug und heiratet später seine furchtlose Beifahrerin.

Spurensuche

Wahrscheinlich ergeht es den Neckarauer Rennpferden wie vielen anderen Bugatti-Sportwagen, die noch bis in die Fünfziger zum Metallwert gehandelt und verschrottet werden. Auf der Fläche der ehemaligen RABAG-Produktionsstätte befindet sich heute die Mannheimer BMW-Niederlassung. Ein RABAG, der die Zeit in Einzelteilen überstanden hat, ist in neuem Glanz im Technik Museum Sinsheim zu besichtigen. Sogar eine „RABAG Automobilbau GmbH" existiert zum Transport und Einlagerung von Supercars. Auch das Logo erinnert an die Sportwagen von damals. Na also.

Oben: der Mannheimer RABAG Standort damals und heute
- Produktion: Neckarauer Str. 138-148
- Büro: Neckarauer Str. 195-201, 1. und 2. OG

Unten: die RABAG-Automobilbau GmbH

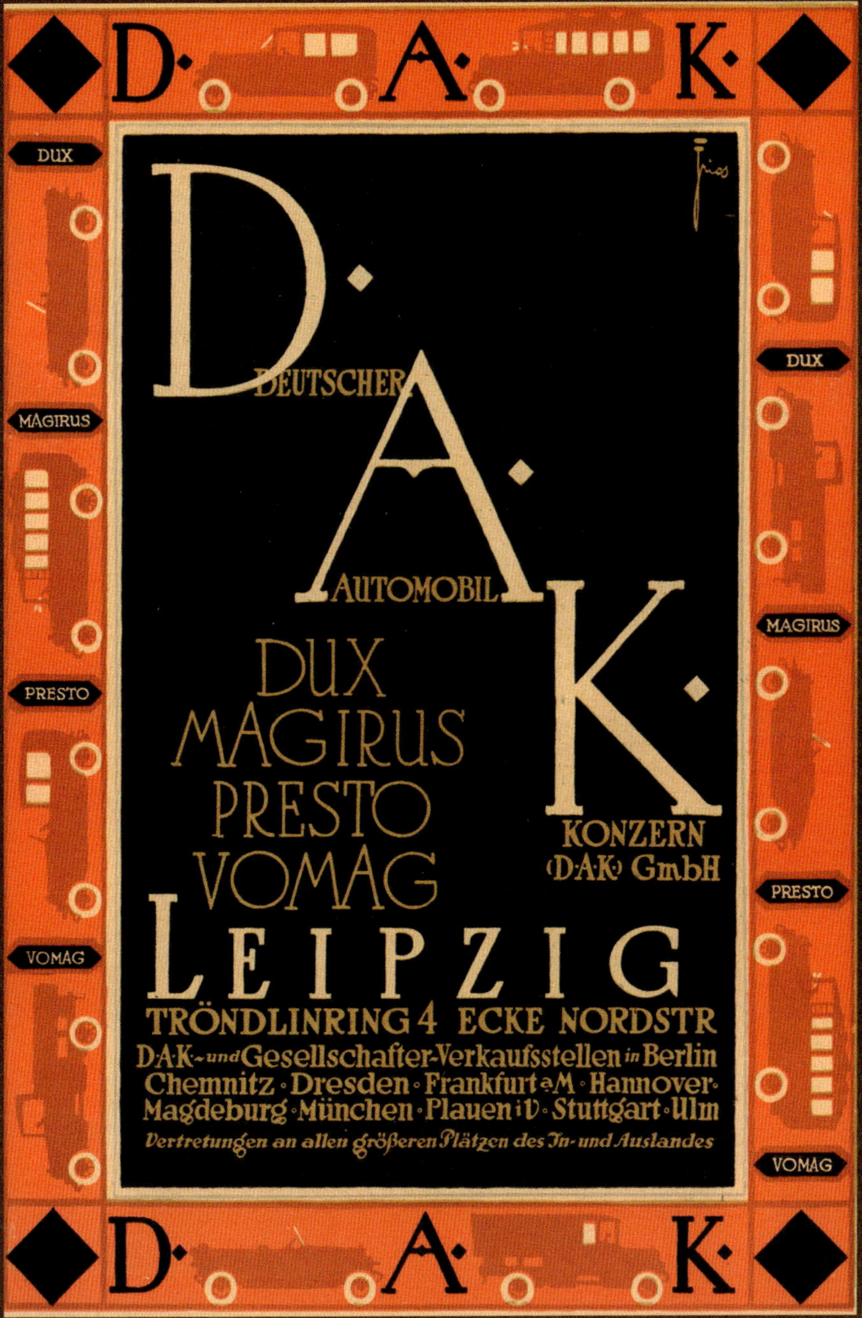
D·A·K·
DUX
MAGIRUS
PRESTO
VOMAG
D·
DEUTSCHER
A·
AUTOMOBIL
K·
KONZERN
(D·A·K·) GmbH
DUX
MAGIRUS
PRESTO
VOMAG
LEIPZIG
TRÖNDLINRING 4 ECKE NORDSTR
D·A·K· und Gesellschafter-Verkaufsstellen in Berlin
Chemnitz · Dresden · Frankfurt a M · Hannover ·
Magdeburg · München · Plauen i V · Stuttgart · Ulm
Vertretungen an allen größeren Plätzen des In- und Auslandes
D·A·K·

Kugel- u. Rollenlager
AUS BESTEM SPEZIALSTAHL
RIEBE-WERK
RIEBE
B 50
RIEBE-WERK AG
BERLIN-WEISSENSEE

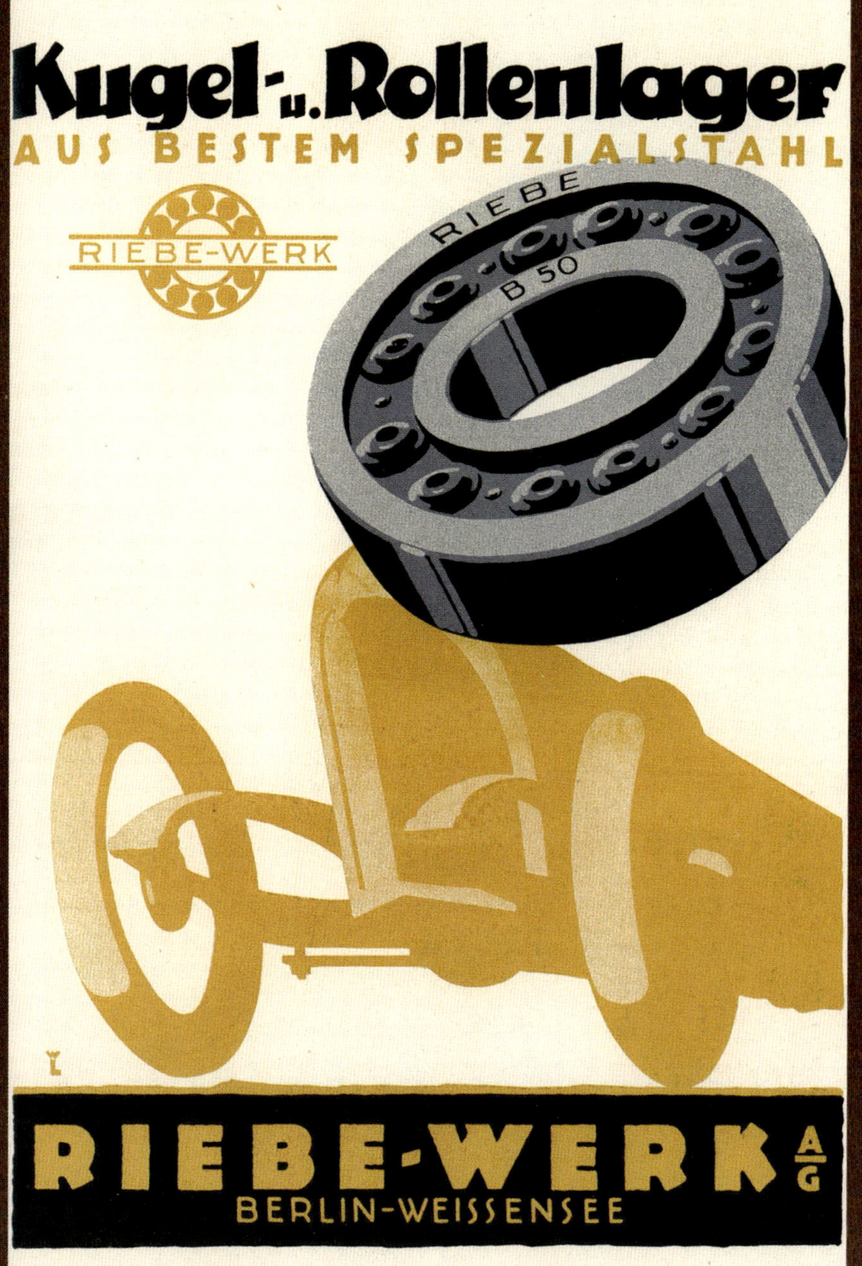

RHEMAG

Der Konzern

Die Pfalz geht in die Luft

Der Bochumer „self-made-man" Richard Kahn hat großes Geschick mit Investments in Technikunternehmen. Schon mit 20 Jahren nimmt er Kredite auf und beteiligt sich an Werkzeugmaschinenfirmen. Der Kaufmann macht sich in Mannheim einen Namen und steigt 1913 als Investor in die Speyrer High-Tech-Firma „PFALZ-FLUGZEUGWERKE GMBH GMBH" ein. Eigentliche Gründer der Firma sind die flugzeugbegeisterten Brüder Eversbusch aus Neustadt, die Lizenz-Flugzeuge produzieren und sogar Passagier-Rundflüge anbieten. Nur ein Jahr später bricht der erste Weltkrieg aus und die PFALZ-FLUGZEUGWERKE entwickeln sich zu einem der größten deutschen Flugzeughersteller mit bis zu 2 800 Mitarbeitern. Die Produktionshalle steht übrigens heute noch als „Liller Halle" im Technikmuseum Speyer, ebenso das Verwaltungsgebäude „Wilhelmsbau".

Der ständig wachsende Bedarf an Kampfflugzeugen bringt Alfred Eversbusch und Richard Kahn auf die Idee, auch Flugzeugmotoren in Lizenz zu bauen. Im Mai 1917 wird dazu die „RHEMAG" Rhenania Motorenfabrik AG gegründet.

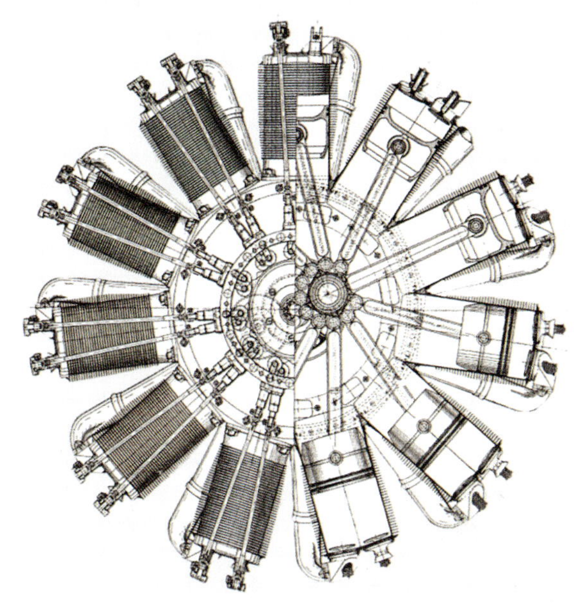

Oben der Motor, der in Lizenz gebaut wurde: „Siemens & Halske Sh III", ein Elfzylinder-Umlaufmotor mit 240 PS. Später kam noch der Oberursel UR.II Neunzylinder mit 120 PS hinzu.

Juli 1914: Erster Passagier-Rundflug mit einem „Pfalz-Otto"

Unter den sechs Gründern befindet sich neben Kahn und Eversbusch auch Architekt Albert Speer (Senior). Als Produktionspartner finden sich die UNIONWERKE in Mannheim und die HOMMELWERKE GmbH in Käfertal. Gleich im ersten Jahr werden mehrere hundert Motoren produziert, die den Original-Motoren was die Haltbarkeit angeht, sogar überlegen sind. Viele davon werden direkt in den PFALZ-Flugzeugen verbaut.

Kahn macht Dampf

Die Heeresverwaltung beauftragt bei der RHEMAG Anfang 1918 den Bau von Dampf-Straßen-Lokomotiven und -Walzen. Bei Kriegsende läuft die Produktion auf Hochtouren und etliche fertige Lokomotiven werden nicht abgenommen. Noch gravierender wirkt sich das Verbot der Flugzeugproduktion aufgrund des Versailler Vertrags aus. Die PFALZ-FLUGZEUGWERKE muss Konkurs anmelden, fast alle Werksangehörige sind auf einen Schlag arbeitslos. Auch die Produktion von Flugzeugmotoren wird umgehend gestoppt. Der Produktionsausfall wird vom Staat entschädigt, aber auf den Dampf-Lokomotiven bleibt die Firma sitzen. Noch zwei Jahre später werden die „Kemna Lizenz-Dampffahrzeuge“ auf der Leipziger Frühjahrsmesse ausgestellt, eine Werbung verspricht „außerordentlich günstige Preise“.

Direct uit Duitschland betrokken
20 PERSOONS-AUTOMOBIELEN.
In het bijzonder zijn aan te bevelen:

MERCEDES	Landaulette	1914	12/32	P.K.	. . f 8.500.—
MERCEDES	Torpedo	1915	12/32	P.K.	. . - 6.500.—
BENZ	Torpedo	1914	16/40	P.K.	. . - 5.250.—
HORCH	Landaulette	1915	10/30	P.K.	. . - 5.750.—
DUERKOPP	Torpedo	1915	13/35	P.K.	. . - 4.750.—
APOLLO	Torpedo	1914	6/18	P.K.	. . - 2.500.—
STOEWER	Torpedo	1914	9/25	P.K.	. . - 3.000.—

Bijna alle met nieuwe banden!
Verder nog een aantal goede wagens der merken:
Benz-Soehne, Opel, Horch, Mathis, Stoewer, N. S. U. enz.
PROEFRIT EN ONDERZOEK TOEGESTAAN.
Particulieren gelieven zich direct tot ons te wenden.
RHEMAG RHENANIA MOTORENFABRIK A.G.
Den Haag Raamweg 17.

RHEMAG zieht im April 1919 um in den Mannheimer Industriehafen und verkauft nicht nur ihre eigenen überschüssigen Fahrzeuge und Werkzeugmaschinen, sondern tritt als Zwischenhändler gleich mehrerer Firmen auf. Mehrere hundert Schlepper, LKW, tausende Werkzeugmaschinen bis hin zu chirurgischen Möbeln kann man über RHEMAG beziehen.

Auch Personenwagen werden verkauft, so z.B. von BENZ und BENZ SÖHNE. Dieses Geschäft läuft sehr gut und es werden Zweigniederlassungen in Breslau und Berlin gegründet, sowie eine „Fabrikabteilung“ IXI in Heidelberg.

Großer Konzern, kleiner Wagen

Mit seinen guten Kontakten und seinem Branchenwissen ist Kahn sehr gefragt als Investor und Sanierer, der sich manchmal auch in die Produktgestaltung einmischt. Sein Technik-Konzern umfasst neben RHEMAG die Firmen Schnellpressenfabrik AG (heute Heidelberger Druckmaschinen), AWG (Allgemeine Werkzeugmaschinen Gesellschaft AG), STOCK Motorpflug AG und RIEBE AG, um nur einige zu nennen. Dabei geht es ihm nicht um das schnelle Geld. Seine Richard Kahn GmbH gleicht Verluste einzelner Unternehmen mit dem Gewinn der anderen Gesellschaften aus. Mit dem „RHEMAG-Interessensgemeinschaftsvertrag" werden nämlich alle Gewinne zusammengeworfen und über einen Schlüssel wieder verteilt. Der Sitz der RHEMAG verlagert sich im November 1920 nach Berlin (Berlin-Mitte, Hohenzollernstraße 20).

1921 erwirbt die Konzerntochter RIEBE alle Lizenzen und Materialbestände der RHEMAG, die dadurch zu einer reinen Vertriebsgesellschaft wird. RHEMAG beteiligt sich an der DERAD AG zum Vertrieb von Motorrädern der DEUTSCHE WERKE AG. Die haben ein erfolgreiches „D-Motorrad" herausgebracht und sind dabei, einen „D-Wagen" zu entwickeln. Vielleicht war das der Auslöser dafür, dass RHEMAG Anfang 1923 mit der Entwicklung eines eigenen Kleinwagens beginnt. Man schreibt einen Wettbewerb aus für die Konstruktion eines Leichtmotors, der „bei maximaler Drehzahl zwanzig Pferdestärken leistet". Die Vorbereitungen sind in vollem Gang und die Firma meldet etliche Patente für Kraftfahrzeuge an. Das Ergebnis: der RHEMAG 4/24.

Eine D-Wagen-5/25-Limousine (ganz links) und ein RHEMAG 4/24 im Vergleich

WILHELMSBAU

Es ist ein modernes, technisch anspruchsvolles Fahrzeug mit FULMINA-Perrot Vierradbremsen. Schon mit den ersten Wagen, vielleicht sogar den Prototypen, werden Rennen bestritten, so im Juli 1924 beim Heidelberger Königstuhlrennen mit „Herrn Erb" oder wenige Monate später bei „rund um Belzig" mit einem „Herrn Lapp aus Berlin" auf dem zweiten Platz. Im September präsentiert sich RHEMAG erstmalig auf der Deutschen Automobilmesse in Berlin.

Der ausgestellte Sportwagen ist extravagant und erinnert mit seinen flachen Kotflügeln ein bisschen an die RUMPLER-Fahrzeuge. Der österreichische *„Motor"* kommentiert zu der *„bizarren Sporttype": „Der Wagen ist sehr gut und sauber durchgearbeitet und gefällt allgemein. Seine schnittigen Karosserien geben ihm ein rassiges Aussehen. Da die RHEMAG lange Zeit Flugmotoren gebaut hat, ist sie in der Lage, eine besonders gute Arbeit zu gewährleisten."*

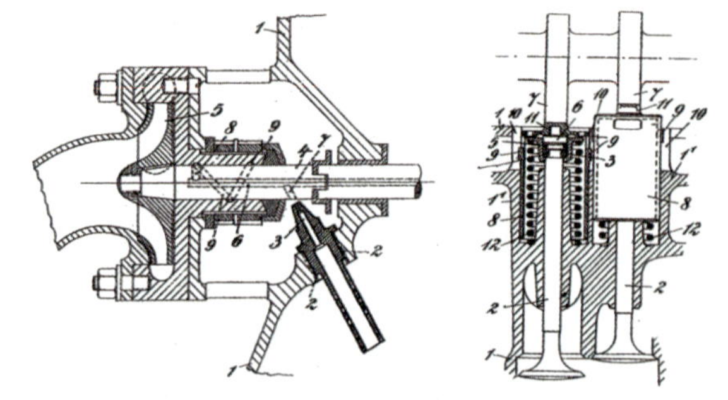

Oben: Zeichnungen aus RHEMAG-Patenten

Links: Deutsche Automobilausstellung 1924: Nettes Detail ist der Griff im Heck, wahrscheinlich um einen Schwiegermuttersitz aufzuklappen.

Rhemag 4/24

Bei der Jubiläumsfahrt des Berliner Automobilclubs hat ein roter RHEMAG-Sportwagen seinen Auftritt, *„der bekanntlich auf der letzten Automobilausstellung großes Aufsehen erregte, gesteuert von dem bekannten BENZ-Rekordfahrer Erle"*, so die *„Allgemeine Automobilzeitung"*. RHEMAG plant die Aufnahme einer größeren Produktion im Laufe des Jahres 1925. An den Werksbildern ist gut zu erkennen, wie viele Karosserieversionen geplant sind, vom Sportwagen bis zur Limousine ist alles dabei. Offenbar sollen die Fahrzeuge in Mannheim produziert werden. Wie so etwas im Kahn-Konzern gehandhabt wird, sieht man einige Jahre später an der HEIDELBERGER SCHNELLPRESSENFABRIK, die kurzerhand Serienhersteller von STOCK-Motorrädern wird. 1925 ist RHEMAG erneut auf der Automobilmesse vertreten, allerdings ohne nennenswertes Echo seitens der Presse. Die Fahrzeuge werden auch in Frankreich beworben, was für deutsche Newcomer eher unüblich ist. Die „La Vie Automobile" lobt den Wagen für seine Fahrleistungen.

Der Absturz

Dem „kleinen Qualitätswagen“ geht es Ende 1925 aber wohl wie vielen anderen deutschen Automobilen. Selbst gute, zum Teil technisch überlegene Wagen lassen sich nicht mehr verkaufen, da die Kleinserienproduktion im Verhältnis zur ausländischen Konkurrenz viel zu teuer ist. Ausgerechnet in der Zeit gerät auch der Kahn-Konzern in Schwierigkeiten durch hohe Verluste der Stock Motorpflug AG. Die Konzerngesellschaften müssen Geschäftsaufsicht beantragen, der „Interessensgemeinschaftsvertrag“ wird aufgelöst. Auch RHEMAG stoppt wohl die Automobilproduktion. Das Unternehmen kann weiter existieren, da der Automobilbau nur ein Standbein darstellt. 1930 folgen dennoch Insolvenz und Übernahme durch die Konzernschwester Riebe-Werke AG. Mit der Wirtschaftskrise Anfang der Dreißiger bricht der überschuldete Kahn-Konzern zusammen. Profitable Geschäftsbereiche, wie die Heidelberger Schnellpressenfabrik, werden zuvor auf Drängen der Banken ausgegliedert und kommen unter deren Kontrolle. Ende 1932 wird Kahn zu einem Schadensersatz in Millionenhöhe verurteilt, sein verbliebenes Vermögen wird gepfändet und er muss den Offenbarungseid leisten. Nach der Machtergreifung der Nazis wenige Monate später wird er wegen „Konkursverbrechen“ verhaftet. Ab da verliert sich die Spur des einst so erfolgreichen Konzernlenkers jüdischer Konfession.

SCHÜTTE-LANZ

Luftschiffe zu Kleinautos !

Das Palais Lanz in der Mannheimer Oststadt im Stil eines Pariser Stadtpalais. Im Garten gibt es Rehkitze als Haustiere für die Kinder. Das Gebäude existiert noch, Garten und Teile der Fassade müssen in den 50er Jahren einem Fernmeldeamt weichen.

Karl Lanz

Er ist längst in das Geschäft eingeführt, als sein Vater stirbt. Begleitet von seiner Mutter und dem Beraterstab seines Vaters führt Karl Lanz die HEINRICH LANZ OHG mit großem Geschick weiter, auch wenn es nicht so einfach ist, aus dem Schatten seines Vaters zu treten. Die Landmaschinenfabrik ist Marktführer in Europa und einer der größten Arbeitgeber in Baden. Durch sein „Palais Lanz", das er in der Oststadt errichten lässt, zieht er viele Neider auf sich. Ebenso durch ein Schloss am Bodensee, das er seiner geliebten Frau Gisella schenkt. In der gleichen Zeit entsteht auch das Lanz Krankenhaus in Werksnähe, ein Mitarbeiter-Freizeithaus im Odenwald und ein Kindererholungsheim in Mannheim-Sandtorf, das seine Frau und er häufig besuchen. Wie sein Vater steht Lanz für soziale und innovative Kultur in seinem Unternehmen. Als Maschinenbauingenieur ist er immer auf der Suche nach den neusten technischen Trends für seine Firma. Durch Stiftungen sichert er sich den Kontakt zu Erfindern und innovativen Unternehmen. So spendet er das Grundkapital für die Heidelberger „Akademie der Wissenschaften" oder stiftet einen „Lanzpreis" für Motorbootrennen auf Rhein und Bodensee.

Die neuartige Flugtechnik mit ihren großen Fortschritten hat es ihm ganz besonders angetan. Der berühmte Motorflug der Gebrüder Wright ist gerade mal fünf Jahre her, als Lanz Vorsitzender im „Verein für Luftschiff-Fahrt" wird und den „Lanzpreis der Lüfte" stiftet. Auch Graf Zeppelin wird finanziell gefördert, als sein neuestes Luftschiff bei einem Unfall zerstört wird. Lanz wird auf einen Professor für Schiffsbau aufmerksam, der davon überzeugt ist, bessere Luftschiffe bauen zu können als Zeppelin. Als gefragter Experte für Strömungstechnik ist sich Johann Schütte sicher, dass Luftschiffe nicht röhrenförmig wie bei Zeppelin, sondern stromlinienförmig gestaltet werden müssen. Er hat Pläne für viele weitere Verbesserungen und kennt genügend wissenschaftlich ausgebildete Ingenieure zur Umsetzung. Diese Riesen der Lüfte üben damals wie heute eine unglaubliche Faszination aus. Natürlich ist auch Lanz davon begeistert, aber Zeppelin Konkurrenz machen? Große Investitionen sind dazu nötig, mit unsicherem Ausgang, praktisch alles Neuland. Andererseits scheint diese Technik enorme Möglichkeiten zu bieten und es locken lukrative Aufträge des Militärs. Karl Lanz geht das unternehmerische Risiko ein. Im April 1909 wird die „Luftschiffbau SCHÜTTE-LANZ OHG" gegründet mit Sitz in Rheinau. Gesellschafter sind Schütte, er und sein Schwager August Röchling, Mitinhaber des Bankhauses „Gebrüder Röchling" in Ludwigshafen. Eine riesige Luftschiffhalle entsteht in Rheinau, die an sich schon eine Herausforderung darstellt. Es kommt immer wieder zu Verzögerungen, auch durch Schütte verursacht, der die Bauaufsicht zeitweise vernachlässigt.

Schütte-Lanz SL1

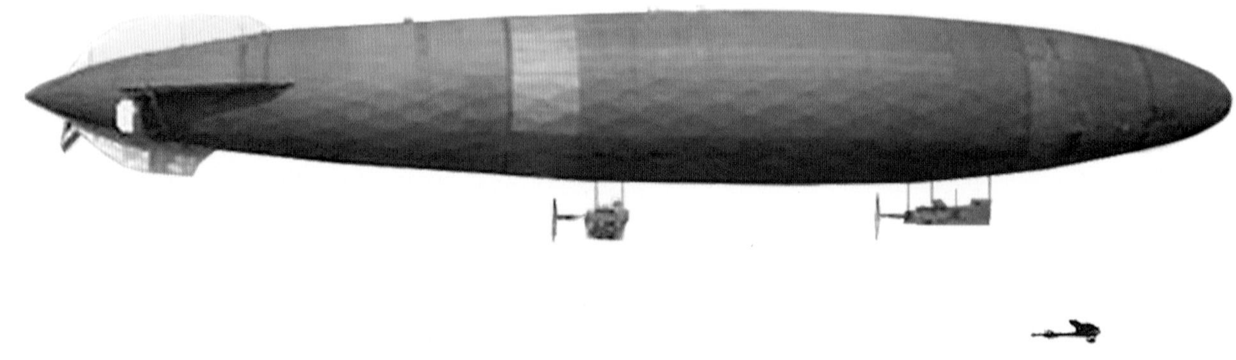

Die Konstruktion muss stark modifiziert werden, um praxistauglich zu werden. Schüttes Entscheidung, Sperrholz als Material für das Gerippe zu nutzen, erweist sich als kritisch. Er möchte zwischenzeitlich sogar das Unternehmen verlassen, aber Lanz glaubt an das Projekt und ermahnt seinen Partner, „aus einer begreiflichen Nervosität" keine „bleibenden Verstimmungen" folgen zu lassen. Erste Testflüge zeigen, dass noch einiges zu tun ist. In Waldsee oder Altrip staunt man über unfreiwillig gelandete Flugriesen. Ein gefährliches Landemanöver kostet Röchling sogar fast das Leben. Projektdauer und -kosten laufen völlig aus dem Ruder. Julia Lanz, die Mutter von Karl Lanz, muss finanziell aushelfen. Erst im Dezember 1912 wird die „SL1" verkauft und ein weiteres Modell vom Kriegsministerium bestellt. Die bislang aufgelaufenen Kosten sind damit aber noch nicht gedeckt.

Flucht nach vorne. Um von Problemen abzulenken, wird die Presse am 30. April 1910 in die Rheinauer Werft zu einer „Taufe" eingeladen, bei der demonstrativ einige Gaszellen mit Wasserstoff gefüllt werden. Was die Presse nicht erfährt: die Demonstrationsfüllung hat zu Verformungen des Gerippes geführt, das danach wieder repariert werden muss.

Zeppelin LZ10 (1911)

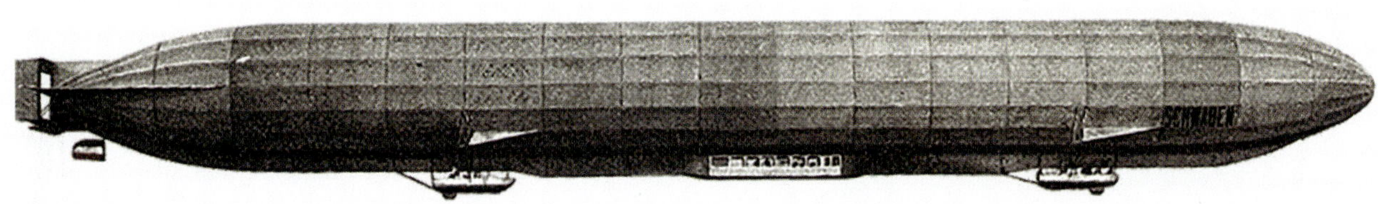

Kurz nach der Übergabe wird die SL1 bei einem Unfall zerstört. Aber man hat bei SCHÜTTE-LANZ dazugelernt und schon nach einem halben Jahr Bauzeit steigt der bestellte Nachfolger zur Probefahrt auf. Als „Tante“ und „Onkel“ Lanz dieses Mal in ihrem Kindererholungsheim vorbeikommen, haben sie eine Überraschung dabei, die die Kinder begeistert: „Das war natürlich ein unvergessliches Erlebnis, als das Luftschiff nieder über uns hinweg brauste. Wir waren außerhalb des Waldes auf die abgeernteten Felder gegangen und jagten nach abgeworfenen Luftpostkarten“, so eine Zeitzeugin. Alle Erfahrungen sind in die „SL II“ eingeflossen und im Frühjahr 1914 wird sie regelrecht gefeiert für ihre unübertroffene Geschwindigkeit, Wendigkeit und Eleganz. Folgeaufträge bleiben dennoch aus. Lanz möchte nicht weiter investieren, das Projekt soll sich ab sofort selbst tragen. Daher muss Personal entlassen werden, die Zukunft ist ungewiss.

Mit dem Kriegsausbruch im August 1914 ändert sich das grundlegend. Schütte-Lanz wird plötzlich mit Aufträgen überhäuft. Die SL II soll umgehend einsatzfähig gemacht werden, was zu einigem Durcheinander führt, da es keine Waffensysteme an Bord gibt und die Besatzung auch nicht damit umgehen kann.

Die Militärverwaltung stellt Hallen in Mannheim-Sandhofen, Darmstadt und Leipzig für die Fertigung weiterer Luftschiffe bereit. Schütte eröffnet zudem eine große Werft im Brandenburgischen Zeesen und bezieht die Villa auf dem dortigen Werksgelände.

Karl Lanz zieht in den Krieg an die Westfront und lässt Schütte freie Hand über das weitere Bauprogramm.

SL4 in der Werft Sandhofen 1915 . Das Gelände befindet sich auf der heutigen Schönau

Besatzung der SL 7

Baby Killer

Der Technikbegeisterung folgt ein dunkles Kapitel. Die Luftschiffe werden nicht nur als Aufklärer eingesetzt, sondern auch als Bomber. Bei Einsätzen gegen Ziele in Warschau, London, Nancy und Paris sterben viele Zivilisten. Die explosive Wasserstoff-Füllung des Luftschiffs wird den Besatzungen oft zum Verhängnis: SL6 verbrennt beim Start, SL 9 nach einem Blitzeinschlag. SL 11 wird über London abgeschossen. Noch 60 km entfernt beobachtet das Geschwader die Tragödie: „...ein Feuerball...die flammende Masse hängt mehr als eine Minute am Himmel, einzelne Teile lösen sich von ihr und stürzen schneller als der Schiffsrumpf in die Tiefe. Arme Jungens!"

In London ist man erleichtert und feiert „the end of the baby killer". Es wird immer deutlicher, dass Luftschiffe für den Kriegseinsatz ungeeignet sind. SCHÜTTE-LANZ steigt in den Flugzeugbau ein. Es entstehen interessante Eigenkonstruktionen, die aber vom Militär regelmäßig abgelehnt werden. In Zeesen produziert man daher mehrere hundert Flugzeuge in Lizenz, darunter auch sogenannte Groß- und Riesenflugzeuge für Bombeneinsätze.

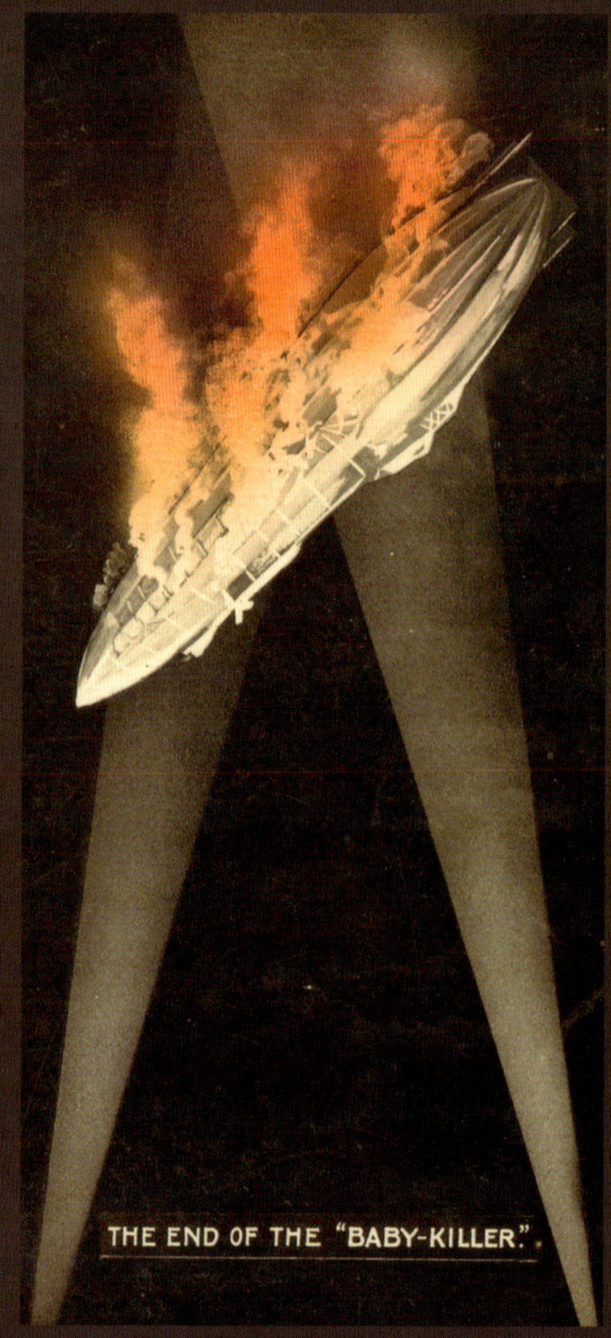

Links: Werk Zeesen protestiert gegen den Versailler Vertrag.

Oben: Werkshalle in Rheinau zur Produktion von Aluminium-Kochern und darunter kleine Feier vor der demontierten Sandhofener Luftschiffhalle.

Nach Kriegsende wird die gesamte Fertigung gestoppt. Mit dem Versailler Vertrag ist die Herstellung von Flugzeugen und großen Luftschiffen in Deutschland verboten und die riesigen Luftschiffhallen müssen demontiert werden. Bei SCHÜTTE-LANZ wird mit Hochdruck nach neuen Beschäftigungsmöglichkeiten in der Holz- und Aluminiumverarbeitung gesucht. Dazu entstehen Anfang 1920 zwei unabhängige Gesellschaften in Zeesen und in Mannhei-Rheinau mit etlichen Betrieben, die als Pächter der Anlagen auftreten. Die Rheinauer Betriebe produzieren Motorboote, Getriebe, Fahrzeugventile, Aluminium-Haushaltsgeräte und Sperrholz. In Zeesen werden Holztüren, -fenster, -leim, Holzboote und Fahrzeugkarosserien hergestellt. Schütte gibt seinen Traum nicht auf und konstruiert in seiner Zeesener Dachgesellschaft weiter Luftschiffe für die zivile Luftfahrt, die er international vermarkten möchte. Der Neuanfang ist schwer. Im Juni 1921 kommt es zu größeren Unruhen, als die Schließung des Rheinauer Werkes diskutiert wird. Zwei Monate später stirbt Karl Lanz nach längerer Krankheit im Lanz-Krankenhaus.

Schneller Schwede

In diesen schwierigen Zeiten bahnt sich ein großer Auftrag für Zeesen an. Herr Anderson, ein schwedischer Geschäftsmann, sucht einen Partner zur Automobilproduktion. Er hatte große Teile der Konkursmasse von IPE aufgekauft und möchte nun die Produktion mit dem Teile-Lager des Berliner Kleinwagenherstellers fortführen. Mit einer Pressefahrt quer durchs Land hatte IPE in Schweden eine gewisse Popularität erlangt, was aber nicht den Konkurs der Firma verhindern konnte. Das Zeesener Werk bringt sich mit seiner lokalen Nähe und den vorhandenen Fertigkeiten ins Spiel. Ein Testwagen wird erstellt und in Stockholm vorgeführt. Mit Erfolg, denn im April 1922 wird die VELOCITAS GmbH in Schweden gegründet mit Hauptsitz in Stockholm und fast zeitgleich die „SCHÜTTE-LANZ-KLEINAUTOMOBIL GmbH" in König-Wusterhausen. VELOCITAS ist der lateinische Begriff für „Geschwindigkeit" und da ist es naheliegend, den Wagen „VELOX" zu taufen, was in etwa „schnell" bedeutet. Technischer Leiter für die Produktion wird der schwedische Ingenieur und Motorsportler Åke W. Eklund. Aus den IPE-Restbeständen entstehen in Zeesen 75 Kleinwagen. Offenbar verkauft sich der Wagen gut, denn es kommt zu einem Folgeauftrag, der erneut „hohe Gewinne beschert."

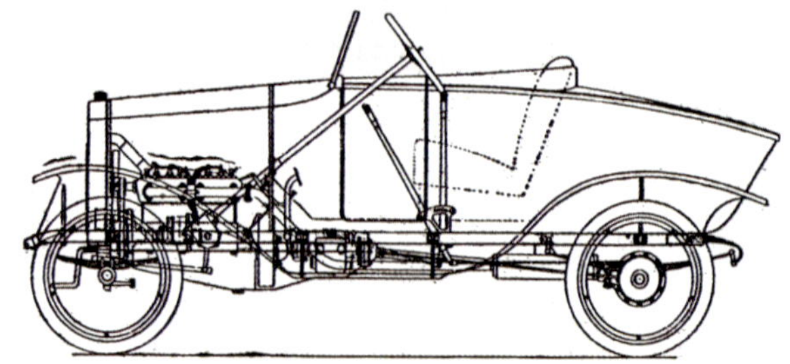

Designzeichnung des „VELOX" und darunter eine Schnittzeichnung des IPE-Vorbilds. Links: ein VELOX-Fahrgestell beim Einfahren.

IPE
DAS KLEINAUTO
LAUFEND LIEFERBAR
IPE-AUTO-GES·M·B·H· BERLIN·W·8

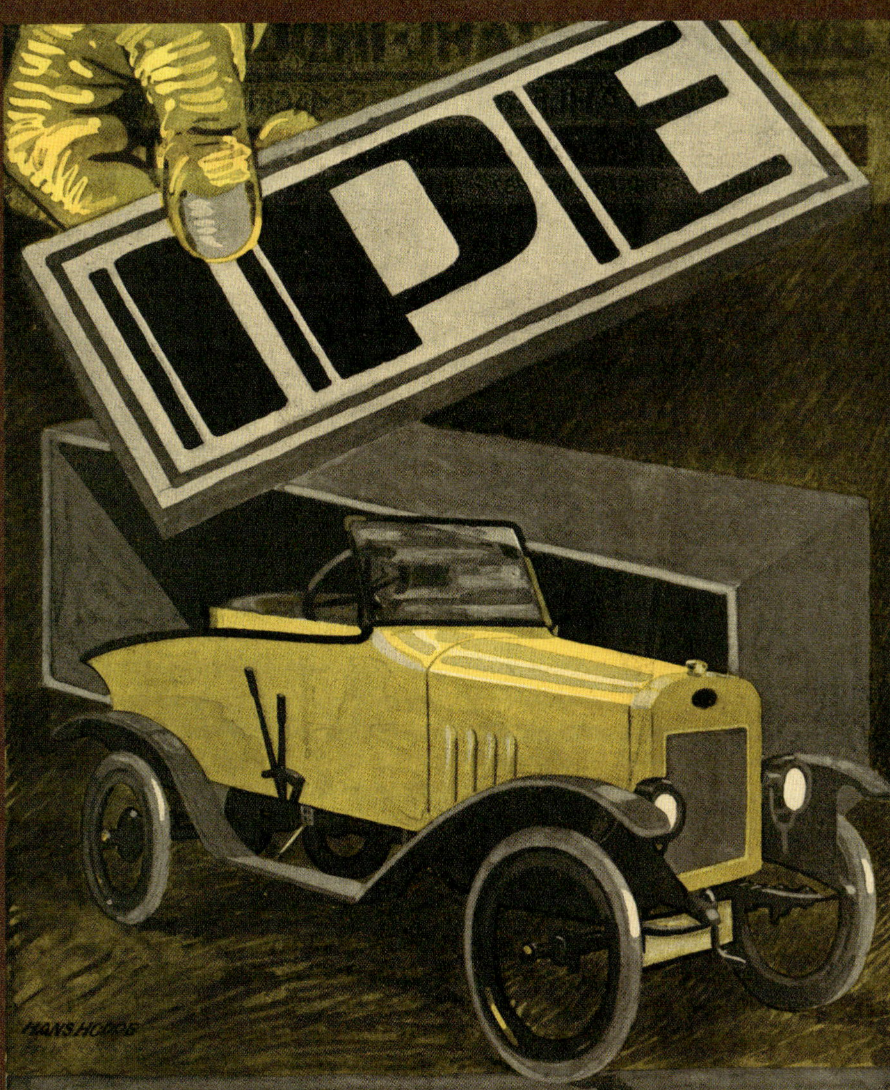

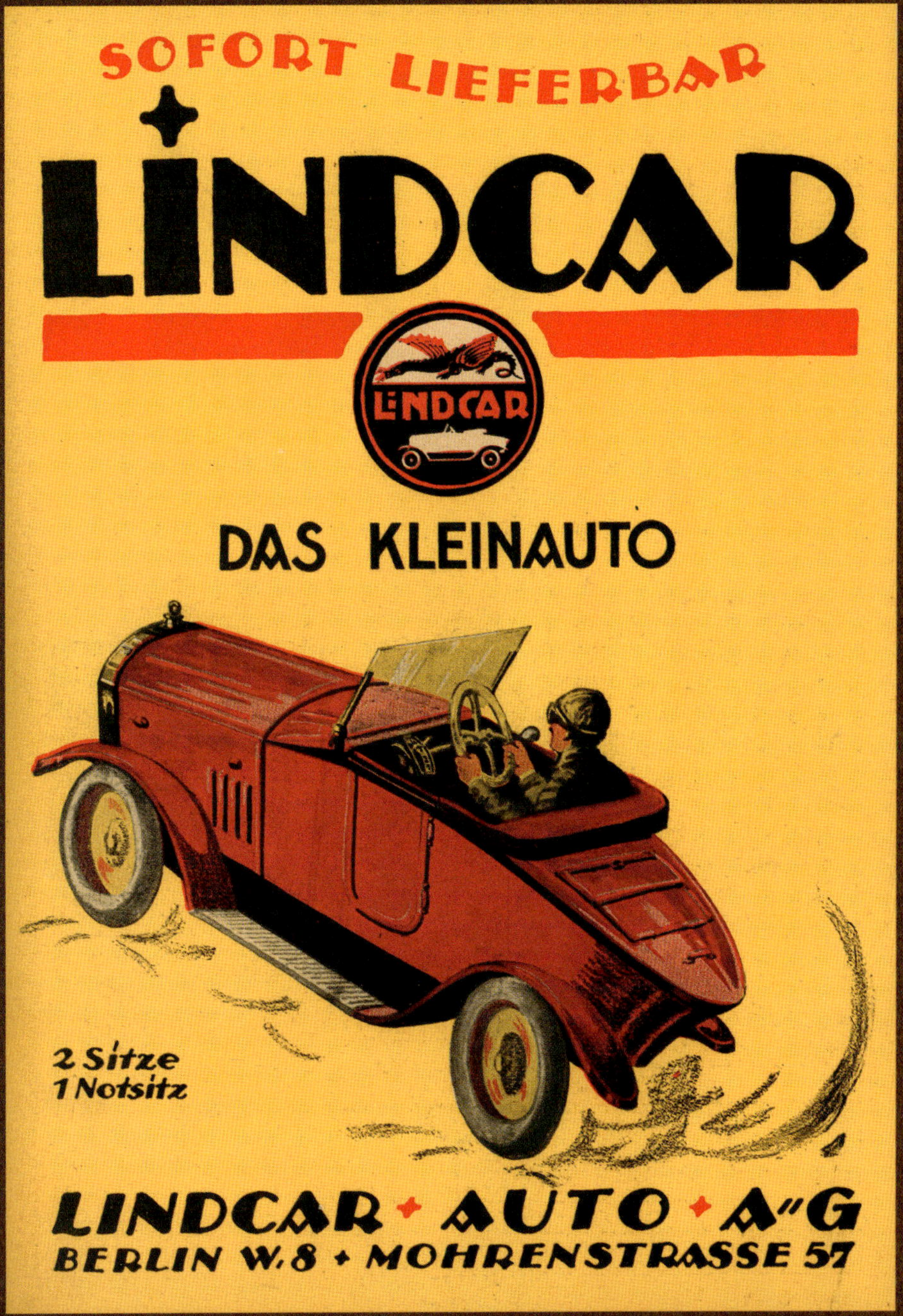
SOFORT LIEFERBAR
LINDCAR
LINDCAR
DAS KLEINAUTO
2 Sitze
1 Notsitz
LINDCAR + AUTO + A"G
BERLIN W.8 + MOHRENSTRASSE 57

Jan. 1923.

Als günstiger Zweisitzer mit 12 PS hat der VELOX eine Spitzengeschwindigkeit von 70 km/h. Die Schwedische „Svensk Motortidning" schreibt:

„Die Handbremse wirkt auf die Hinterräder, die Fußbremse auf die Zwischenachse. Die Karosserie besteht aus Holz, ist zweisitzig und verfügt über einen geräumigen Stauraum im Heck. ... Während der Probefahrt war der kleine Wagen recht gut im Nehmen und fährt sich im Allgemeinen recht angenehm, insbesondere wenn man den Preis berücksichtigt..." Spätestens Mitte 1924 dürfte aber das Ende des VELOX gekommen sein, ähnlich wie beim konkurrierenden Kleinwagenhersteller LINDCAR, der seine Fabrikation auslaufen lassen muss, *„weil die Nachfrage nach Kleinautos immer mehr zurückgeht, da die Preise für Gummi und Brennstoff sich verbilligt und der kleine Wagen sich als Tourenwagen außerhalb der Stadt sich nicht bewährt habe".*

Links:
Große Kleinwagenparade in Mannheim-Rheinau: LINDCAR, VELOX, IPE vor den ehemaligen Schütte Lanz Fabrikationshallen, die heute noch existieren. Die Berliner Firma LINDCAR war ebenfalls mit einem IPE-Nachbau auf dem Markt, Abmessungen und Aussehen sprechen jedenfalls sehr dafür.

Oben:
Das verfallende Verwaltungsgebäude in Zeesen, die „Schütte-Lanz Villa", mit dem „VELOX".

Letzte Seiten:
VELOX-Werksfotos vom Zeesener Werksgelände bzw. vor dem Eingang zur „Schütte-Lanz-Villa".

Tatort Brandenburg, 100 Jahre vor TESLA

Beim Aufbau der VELOX-Wagen haben die Luftschiffbauer dazugelernt und möchten ein eigenes Modell anbieten. Sie tasten sich an das Thema heran, indem sie einen WANDERER- und einen MATHIS-Wagen kaufen und komplett zerlegen. Insbesondere WANDERER möchte man Konkurrenz machen. Ein Konstrukteur mit Hilfszeichner soll einen Prototypen entwerfen, was aber nicht so recht gelingt. Die branchenfremden Geschäftsführer holen sich das nötige Know-how in die Direktion mit Ingenieur Urtel, dem früheren Chefkonstrukteur der Berliner Automobilfirma N.A.G. Er leitet die Konstruktion und meldet etliche Patente an. In erstaunlich kurzer Zeit entsteht ein neuer Kleinwagen: der SCHÜTTE-LANZ 4/14, laut Verkaufsprospekt mit dunkelrotbrauner Lackierung, ca. 65 Stundenkilometern Höchstgeschwindigkeit und 7 Litern Verbrauch auf hundert Kilometer. Er soll 5720,- Mark kosten *„mit 5-facher Bereifung, Abholung ab Bremen und Oldenburg frei"*.

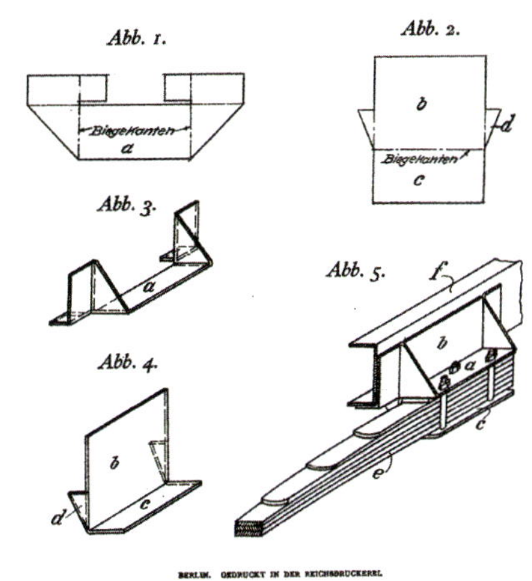

Bastelanleitung aus einem Urtel-Patent

Ein SL 4/14 hinter einem Vergleichswagen, offenbar ein AGA.

Links: Rekonstruierte Embleme

WANDERER
5/15 PS
Der bewährteste Wagen
seiner Klasse
von internationalem Ruf
WANDERER-WERKE A.-G.
Schönau bei Chemnitz

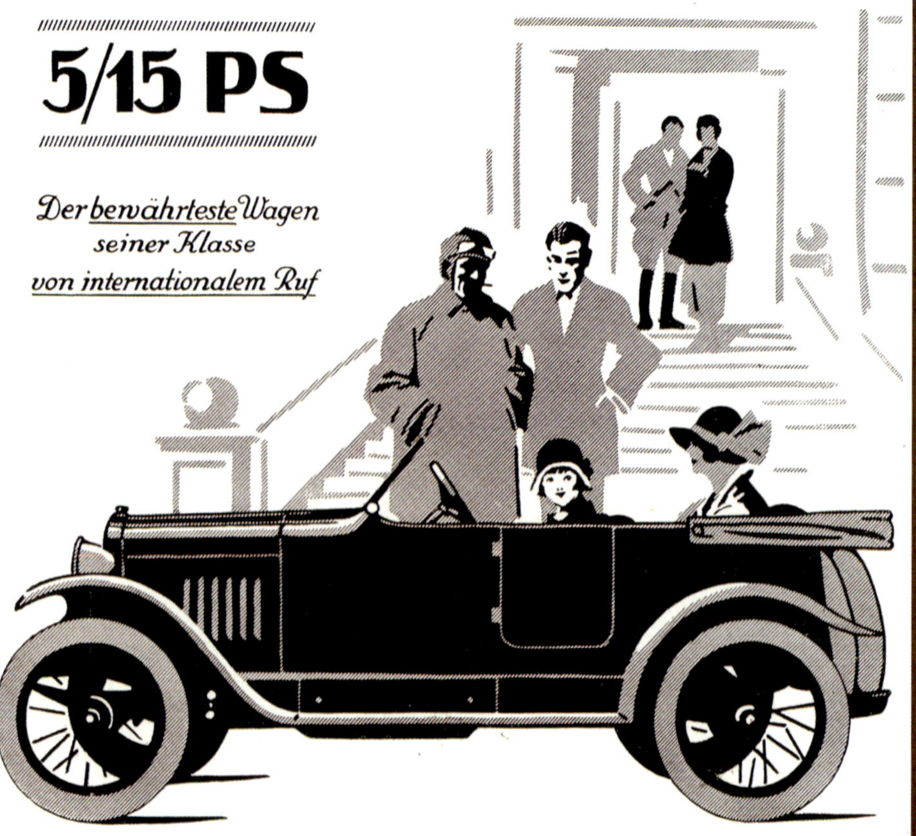

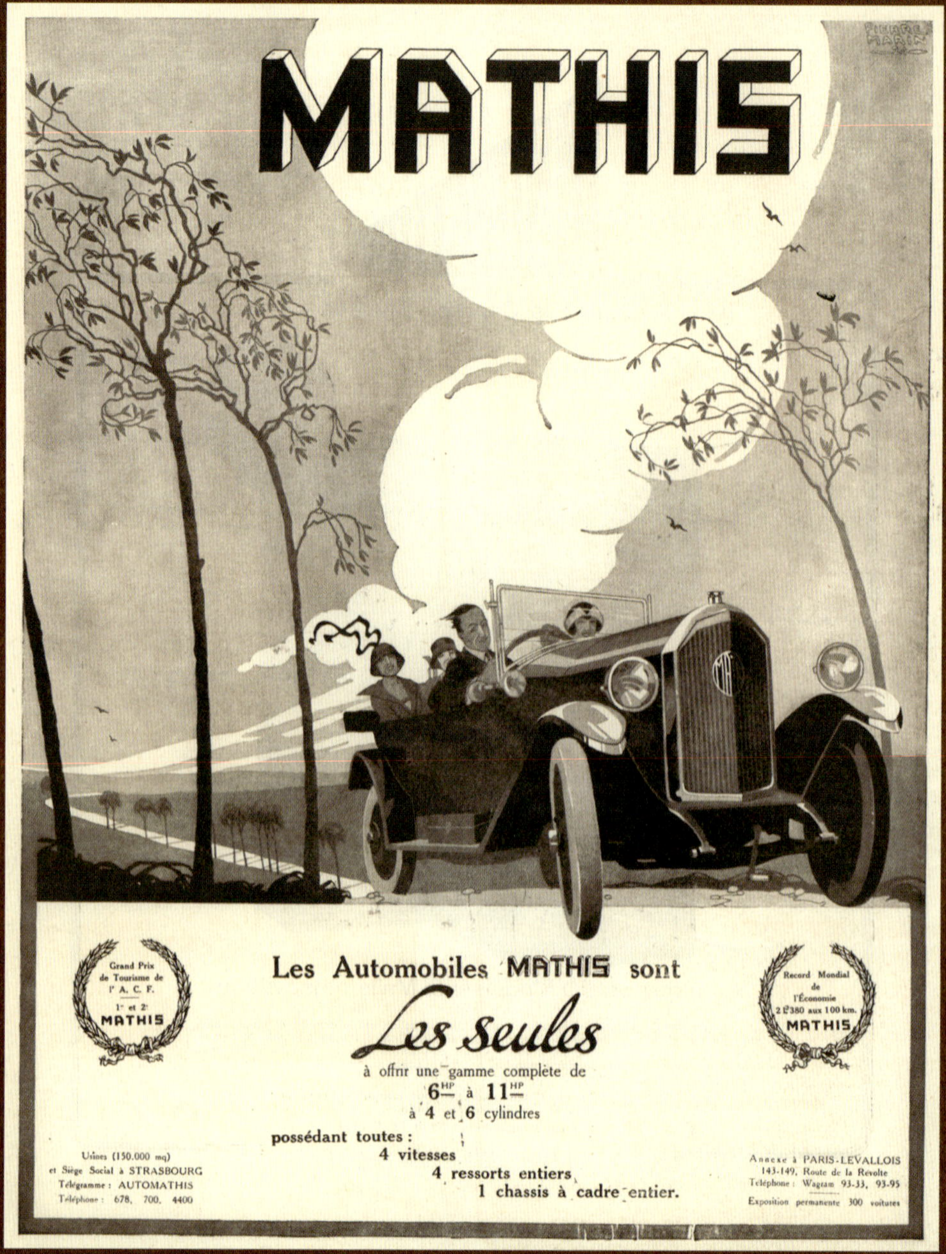
MATHIS
Grand Prix
de Tourisme de
l'A. C. F.
1er et 2e
MATHIS
Les Automobiles MATHIS sont
Les seules
à offrir une gamme complète de
6 HP à 11 HP
à 4 et 6 cylindres
possédant toutes :
4 vitesses
4 ressorts entiers
1 chassis à cadre entier.
Record Mondial
de
l'Économie
2 l. 380 aux 100 km.
MATHIS
Usines (150.000 mq)
et Siège Social à STRASBOURG
Télégramme : AUTOMATHIS
Téléphone : 678, 700, 4400
Annexe à PARIS-LEVALLOIS
143-149, Route de la Revolte
Téléphone : Wagram 93-33, 93-95
Exposition permanente 300 voitures

Die Neukonstruktion kann sich sehen lassen. Die Allgemeine Automobilzeitung lobt, dass es gelungen sei, *„durch konstruktive Ausbildung neuer werkstatt-technischer Verfahren, die durch eine Anzahl Patente geschützt sind, einen sehr geräumigen viersitzigen Wagen herauszubringen, der trotz kräftiger stabiler Konstruktion ein sehr niedriges Gewicht besitzt. ...Der lange Radstand gibt dem Wagen ein höchst elegantes Aussehen und - was noch wichtiger ist - eine sehr weiche, angenehme Federung".*

Das Erstlingswerk findet großen Zuspruch und die SCHÜTTE-LANZ-KLEINAUTOMOBIL GMBH mit ihren 190 Beschäftigten wird in die SCHÜTTE-LANZ-WERKE A.G. ZEESEN umgewandelt. Doch der Absturz folgt ebenso rasch. Durch einen enormen Preisverfall bei Kleinwagen lassen sich die relativ teuren Fahrzeuge bald nicht mehr verkaufen. Mit Hilfe seitens der Muttergesellschaft ist nicht zu rechnen. Im Gegenteil, die „LUFTFAHRZEUGBAU SCHÜTTE-LANZ, ZEESEN" muss aufgeben, da ihre Entwicklungen für zivile Luftschiffe keine Abnehmer finden. Das ist das Ende des Automobilbau-Abenteuers von SCHÜTTE-LANZ. Die Zeesener Gesellschaften werden liquidiert. Die Rheinauer SCHÜTTE-LANZ-Werke hingegen können sich behaupten, aber der Luftschiffbau wird nicht mehr aufgegriffen. Die Muttergesellschaft HEINRICH LANZ AG hingegen ist auf der Erfolgsspur. Als eine der ersten Firmen in Deutschland führt sie die Fließbandfertigung ein und das Vermächtnis der Ära Karl Lanz, der „Bulldog"-Traktor, tritt den Siegeszug auf dem Weltmarkt an. Der Klang seines Glühkopf-Motors verrät alles: Kult, Kult, Kult.

Links:
SL 4/14 Limousine auf dem Werksgelände Zeesen

Oben:
Ausschnitt aus einem SL-Werbeblatt

SCHÜTTE-LANZ 4/14: ein Kinderspiel

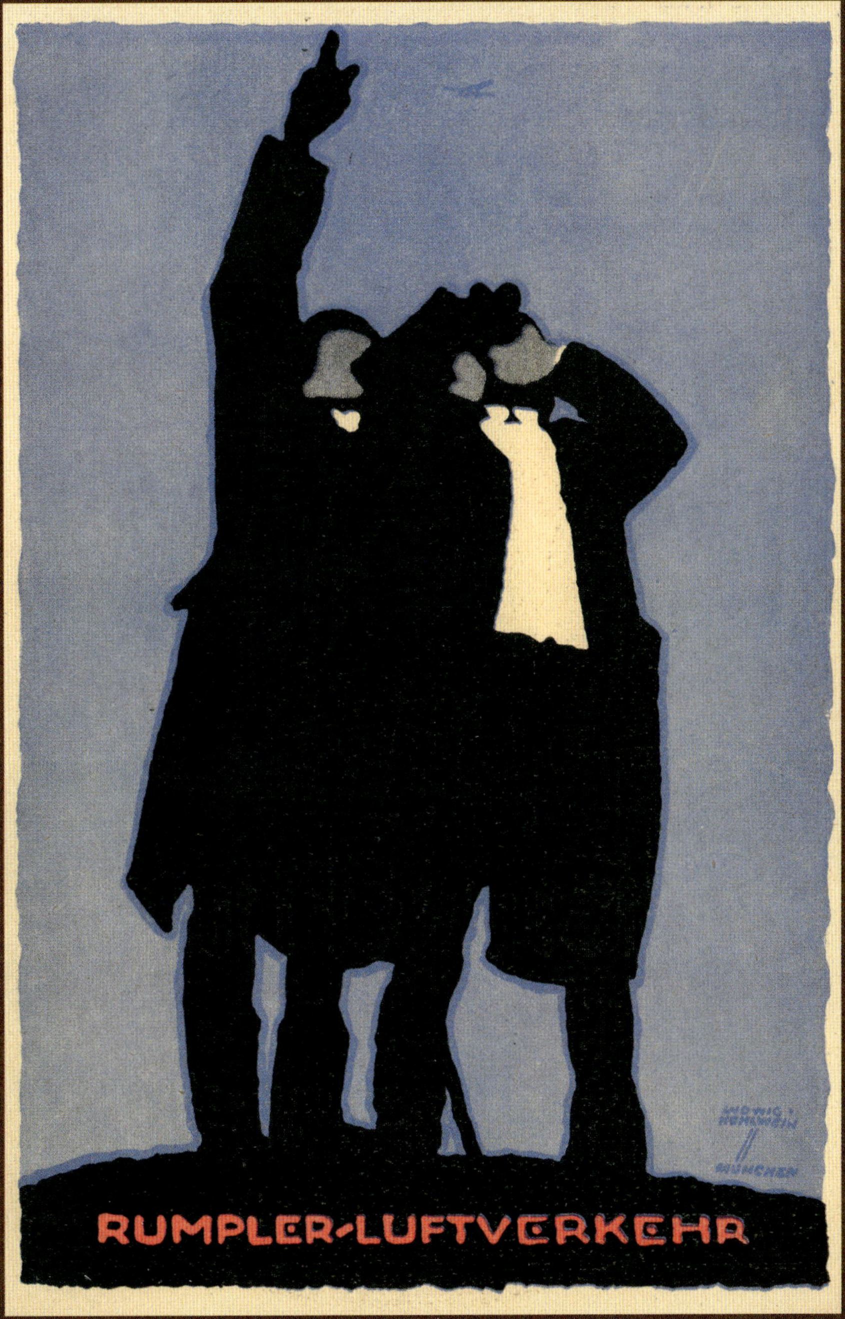
RUMPLER-LUFTVERKEHR

LANZ
Landbaumotor
als
Moormaschine.
HEINRICH LANZ MANNHEIM.

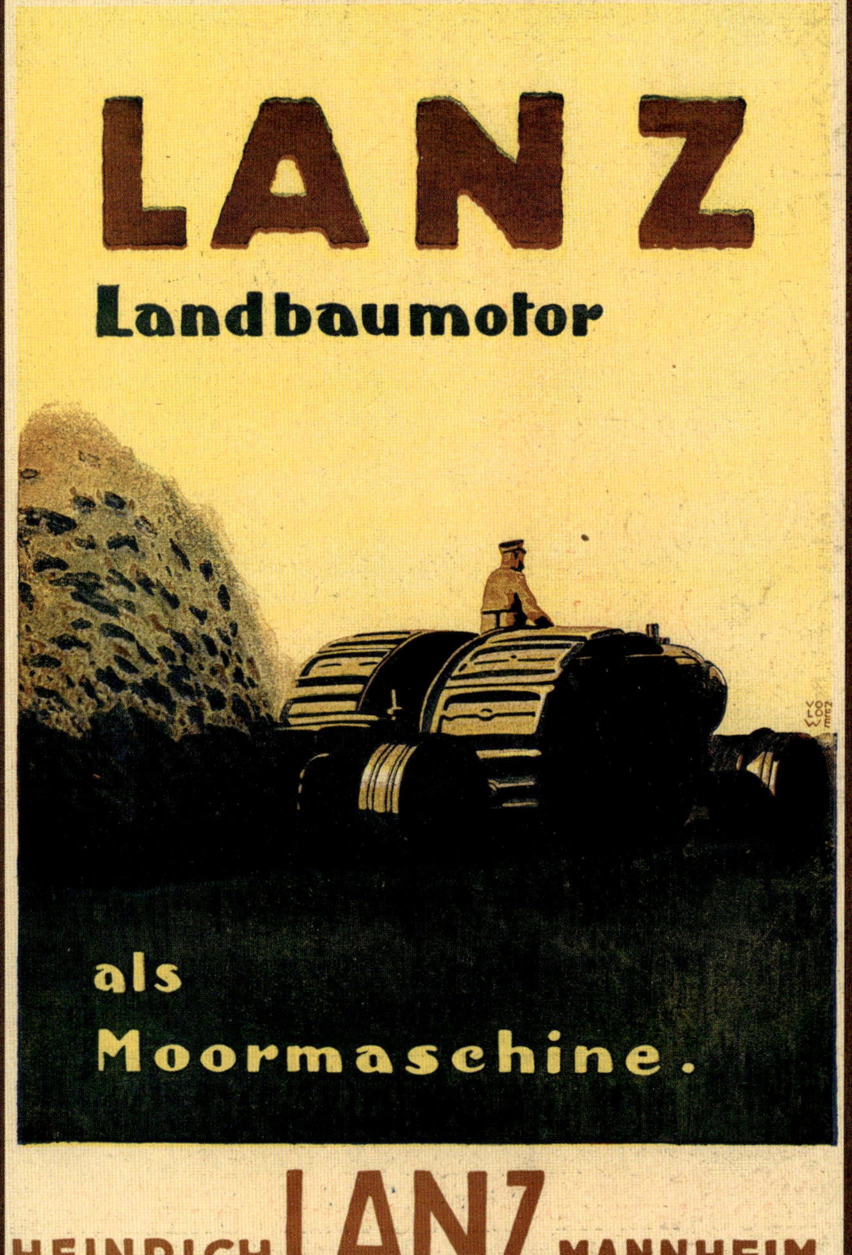

BENZ SÖHNE

Der Ruhestand muss warten

Die Söhne

Schon bei der berühmten Berta-Benz Fahrt waren die Söhne Eugen und Richard mit dabei. Die Kinder von Carl Benz haben die spannende Anfangszeit der Mobilität hautnah miterlebt. Wie damals üblich, sollen die Söhne eines Tages das Geschäft ihres Vaters übernehmen. Nach dem Militärdienst bekommen daher beide eine technische Ausbildung. Eugen macht seinen Abschluss als Maschinenbau-Ingenieur an der Technischen Hochschule in Darmstadt und ist bei verschiedenen Maschinenbaufirmen in der Schweiz beschäftigt. 1895 beginnt er in der Abteilung für Stationärmotoren bei Benz & Cie und übernimmt wenig später die Leitung der Abteilung.

Richard übernimmt nach seiner Ausbildung die Leitung des Wagenbaus. Zudem entwickelt er mit Papa Benz Motoren und Fahrgestelle. Als Rennfahrer der ersten Stunde gründen die Brüder 1899 den „Rheinischen Automobil-Club". Im gleichen Jahr wird BENZ & Cie zur Aktiengesellschaft, um die Erweiterung der Firma zu finanzieren. BENZ wird Weltmarktführer für Automobile, gefolgt von einem jähen Absturz der Verkaufszahlen, da die Fahrzeuge technisch gegenüber den Wettbewerbern zurückfallen. Im Januar 1903 kommt es zum Streit.

Es reicht!

Gegen seinen Willen entwickelt ein französisches Konstruktionsteam neue BENZ-Modelle und dann wird auch noch der neu entwickelte Gasmotor seines Sohns Eugen abgelehnt. Carl Benz konnte jahrelang verkraften, dass in einer Aktiengesellschaft andere mitentscheiden, aber das ist jetzt einfach zu viel. Der Firmengründer verlässt sein Unternehmen mitsamt seinen Söhnen. Die Familie braucht Abstand von Mannheim und zieht um nach Darmstadt, um Zukunftspläne zu schmieden. Carl Benz hatte schon vor Jahren eine große Fläche Land in Ladenburg erworben, die deutlich größer ist als das Werksgelände in Mannheim. Der Beschluss ist schnell gefasst: in Ladenburg soll eine neue Fabrik entstehen, um Eugens Gasmotoren zu produzieren. Richard bekommt ein Angebot von BENZ als Betriebsleiter des Personenwagenbaus und kehrt 1904 nach Mannheim zurück. Auch Carl Benz engagiert sich wieder bei BENZ, allerdings nicht mehr im Vorstand, sondern als Mitglied im Aufsichtsrat. Man geht getrennte Wege. Nach zweijähriger Bauzeit ist das Ladenburger Gasmotorenwerk bezugsfertig und die „Carl Benz Söhne oHG" wird im Juni 1906 gegründet, mit Carl Benz und seinem ältesten Sohn Eugen als Inhaber. Doch die Firma kommt zu spät auf den Markt, Gasmotoren lassen sich kaum noch verkaufen. Die Industrie setzt mittlerweile auf stationäre Motoren mit Elektroantrieb. Ein finanzielles Desaster zeichnet sich ab, es muss

Ein BENZ Gasmotor

Die Ladenburger Fabrikhallen, in denen sich heute noch das Dr. Carl Benz-Museum befindet.

Familienbild aus den Anfängen in Ladenburg (von links nach rechts) Mathilde, Bertha, Carl, Richard, Eugen und Ellen. Auf dem Trittbrett sitzen wahrscheinlich Klara mit Tochter Ella und Ehemann Heinrich Ungerer.

etwas geschehen. Den einzigen Ausweg, um das Unternehmen zu retten, sieht die Familie im Automobilbau. Eugen steht nun vor der Aufgabe, die Firma neu auszurichten und einen Wagen nebst Motor zu konstruieren. Dazu braucht er die Hilfe und Verbindungen seines Vaters. Und so ist Carl Benz mit 62 Jahren wieder mittendrin bei der Neugründung einer Automobilfirma. Eugen entwickelt mit Unterstützung seines Vaters gleich zwei Motoren - den 10/18 und den Prototyen 6/10. Schmiede und Gießerei sind bereits vorhanden, aber der Maschinenpark muss noch auf die Automobilproduktion umgestellt werden. Für Karosserie-Aufbauten wird die große Karosserieschmiede DRAUZ & Cie aus Heilbronn beauftragt. Es dauert über ein Jahr, bis 1907 der erste BENZ SÖHNE-Wagen ausgeliefert wird.

Die Wagen finden ihre Abnehmer, nicht zuletzt wegen des großen Namens. Auch wenn es am Anfang etwas erklärungsbedürftig ist, dass es „in Zukunft zwei Arten von Benz Wagen" geben wird, wie die Allgemeine Automobilzeitung kommentiert. Endlich wechselt auch Richard zu BENZ SÖHNE und bringt seine Erfahrung im Automobilbau ein. Er hat die werbewirksamen Rennen bei BENZ erlebt und möchte auch für sein Familienunternehmen starten. Beim wichtigsten Rennereignis von 1909, dem Prinz-Heinrich-Rennen, kommen gleich zwei BENZ SÖHNE zum Einsatz, klassisch in deutschem „Rennweiß" gestrichen. Den zweiten Wagen fährt Fritz Held, ein guter Freund und ehemaliger BENZ-Rennfahrer, der ein Autohaus in Mannheim besitzt mit einer Generalrepräsentanz für die Ladenburger Wagen. *„Die beiden Wagen von BENZ SÖHNE, in denen Richard Benz und Fritz Held am Steuer sitzen, gefielen sehr"*, so die *„Allgemeine Automobilzeitung"*.

Richards fliegender Wechsel: rechts für BENZ auf der Prinz-Heinrich-Fahrt 1908,

links daneben ein Jahr später mit seinem BENZ SÖHNE 10/22

CARL BENZ SÖHNE
LADENBURG
bei Mannheim
Wagen No 292 Gewicht .... Kg.
Motorstärke .... PS

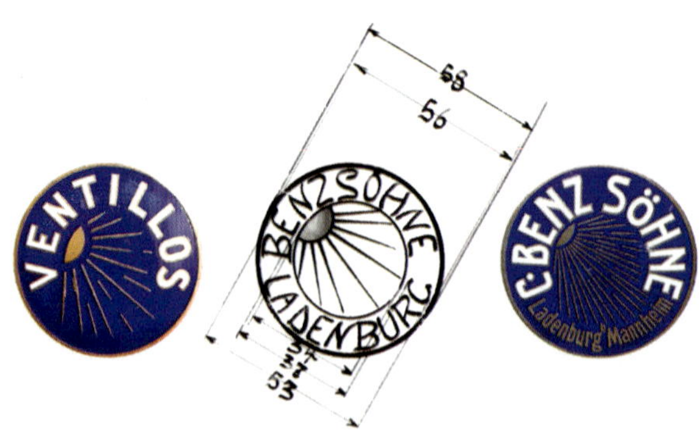

Mit zunehmendem Bekanntheitsgrad finden im Schnitt 3-4 Wagen pro Monat ihren Käufer. BENZ SÖHNE ist natürlich auch auf der Deutschen Automobilausstellung in Berlin vertreten. Es gibt Vertretungen in Österreich und England. Sogar der berühmte Professor Sauerbruch lässt sich in seinem BENZ SÖHNE chauffieren. 1912 entsteht ein stärkerer Motor „14/42" als letztes Gemeinschaftswerk der Familie Benz. Karl Benz überlässt seinen Söhnen die Firmenleitung und Eugen zieht sich aus der Entwicklung zurück. Als Ersatz wird Heinrich Rau als Konstrukteur eingestellt, der einen weiteren Motor entwickelt und viele innovative Akzente setzt. Der neue Katalog bietet etliche neue Modelle an. Darunter auch „Ventil-los"-Typen mit lizenzierten Drehschiebermotoren, die allerdings wohl Prototypen bleiben.

Zeitenwende

Der Katalog von 1913 weist auf eine Lieferzeitverlängerung von 6 Monaten hin im Falle einer „Mobilmachung, Krieg und höheren Gewalten jeder Art". Eine Option, die ein Jahr später bereits eingelöst werden muss. BENZ SÖHNE ist wieder für die Automobilausstellung gemeldet, doch stattdessen gehen in Europa die Lichter aus. Wie Eugen zieht auch ein Großteil der Belegschaft in den Krieg. Richard leitet den Betrieb weiter. In den Ladenburger Hallen werden Granathülsen hergestellt und Flugmotoren gewartet. Auch BENZ SÖHNE-Wagen kommen vom Kriegseinsatz zur Reparatur. Eugen überlebt den Krieg und nach Kriegsende richtet sich BENZ SÖHNE wieder auf den Automobilbau ein. Im Angebot sind die überarbeiteten Vorkriegsmodelle:

- 8/25 - der günstigste Wagen
- 10/30 - der Standard-Typ
- 14/42 - das Luxusmodell

Gruppenfoto vor einem BENZ-SÖHNE „Feldkraftwagen". Die Gesichter sagen alles.

Für die Karosserie wird neben DRAUZ zunehmend auch die Ludwigshafener Karosseriefabrik STADLER & JEST beauftragt (Ganghoferstraße 16). BENZ SÖHNE heimst wieder gute Kritiken ein, wie bei der Deutschen Automobilausstellung 1921:

„...stellen einen 8/24 Phaeton und 14/42 Limousine aus... es ist an diesen Wagen alles gewohnt Gute vorhanden, und machen sie in ihrem gesamten Aufbau einen sehr modernen und soliden Eindruck."

„...fiel uns ein sehr solide gebautes 8/25 PS Fahrgestell auf, das auch als sechssitziges Sport-Doppel-Phaeton zu sehen war. Die Firma zeigte noch eine gediegene 14/42 PS Limousine“. Auch DRAUZ stellt auf ihrem Stand einen BENZ SÖHNE aus, allerdings als aufgedonnertes Sondermodell:

„...einen offenen Tourenwagen..., bei dem eine eigenartige, aber recht ansprechend wirkende Verwendung von Kupferbeschlägen eine wesentliche Rolle spielt. Der Kühler, das Armaturenbrett, die Einfassung der Laufbretter: überall finden wir Kupfer geschmackvoll und unaufdringlich verwendet. Die Farbe der Lackierung fügt sich gut dazu, während der schwarze Sattel einen prächtigen wirkungsvollen Kontrast bildet.“ Trotz guter Kritiken schafft es BENZ SÖHNE nicht, am großen Fahrzeugboom teilzuhaben, der nach dem Krieg ausbricht. Die Verkaufszahlen pendeln sich auf 3-4 Stück pro Monat ein. Den Brüdern ist klar, dass die Wagen dringend weiterentwickelt werden müssen. Der 10/30 wird vom Markt genommen und der 14/42 hat gemessen an der hohen Luxussteuer viel zu wenig Leistung. „Ledige tüchtige Konstrukteure“ werden überregional gesucht, die in diesen Aufbruch-Tagen kaum zu finden sind, ob verheiratet oder nicht. BENZ SÖHNE hat eine treue Kundschaft, aber insbesondere Eugen weiß zu genau, wie schnell mangelnde Innovation zu einer Katastrophe führen kann.

Ein eleganter 14/42 BENZ SÖHNE-Sportwagen vor der Benz-Villa in Ladenburg.

Ledige, tüchtige

Konstrukteure

für **Personen-Kraftwagen und Motoren** gesucht. Nur solche, die an selbständiges Arbeiten gewöhnt sind und genügend Erfahrung in der Praxis nachweisen können, wollen sich unter Angabe ihrer bisherigen Tätigkeit, Gehaltsansprüchen und Eintrittstermin, nebst Beifügung von Zeugnisabschriften, wenden an

C. Benz Söhne, Automobilfabrik
Ladenburg b. Mannheim

Die anziehende Inflation mit ihren Arbeitskämpfen und Beschaffungsproblemen macht die Entscheidung leicht. Die Brüder Benz beschließen den geordneten Rückzug und beenden die Automobilproduktion im August 1923. Eine mutige und richtige Entscheidung, denn wenig später beginnt ein Preiskampf, den die Firma nicht überlebt hätte. Die verkleinerte Firma konzentriert sich auf Reparaturen von Großmotoren. Einige Mitarbeiter möchten den Niedergang des Ladenburger Automobilbaus nicht hinnehmen, aber das ist eine andere Geschichte, die der BADENIA. BENZ SÖHNE-Wagen werden natürlich weiterhin gewartet und 1924 entstehen aus Restbeständen die letzten beiden BENZ SÖHNE für den eigenen Bedarf. Und Carl Benz? Die Auflistung der BENZ-Aufsichtsräte trifft es auf den Punkt: Dr. h. c. Carl Benz, Rentner.

Es lässt sich auch ohne Autofirma gut leben. 1925 bereiten die Münchner der Familie Benz einen großen Empfang auf dem historischen Korso

Die letzten ihrer Art

Die letzten beiden 8/25 BENZ SÖHNE aus Familienbesitz existieren heute noch. Einer davon steht im TECHNOSEUM Mannheim und wenn man möchte, kann man diesen Wagen sogar mit nach Hause nehmen. Leider nur als Modell, das im Museum mit 3D-Druck und Robotermontage hergestellt wird.

Die Ladenburger Fabrikhallen der Benz Söhne beheimaten heute das Dr. Carl Benz Museum. Es ist Museumsdirektor Winfried Seidel zu verdanken, dass auch der andere BENZ SÖHNE-Familienwagen aus Einzelteilen wieder auferstanden ist. Das trifft erst recht für Richards Sportwagen zu, der nach einer Odyssee in Neuseeland nun wieder in seiner Ladenburger Heimat glänzen darf.

Oben: der wieder auferstandene 10/22 BENZ-SÖHNE-Sportwagen vor dem ehemaligen Werk in Ladenburg

Unten: In diesem 8/25 Familienwagen ist Carl Benz von seinen Söhnen gefahren worden. Er steht heute im Mannheimer Technoseum. Die Karosserie stammt übrigens von der Ludwigshafener Karosseriefabrik Stadler & Jest.

F. ZWICKL

AUSTRO

DAIMLER

MERCEDES

BUNGERT

DAIMLER · MOTOREN · GESELLSCHAFT

STUTTGART · UNTERTÜRKHEIM

VERKAUFSTELLE : BERLIN · UNTER DEN LINDEN 50/51

BADENIA

Wie ein Mops gleich zwei Firmen retten soll

Die Hesse komme

Gleich vorweg - BADENIA hat nichts mit den Badenia-Werken in Mannheim, den Badenia Maschinen-Fabrik in Weinheim oder den Badenia-Eisenwerken in Gaggenau zu tun. Der Ursprung dieser Firma ist bei BENZ SÖHNE zu suchen. In Ladenburg macht es nämlich die Runde, dass die Traditionsfirma im August 1923 ihre Automobilproduktion einstellen wird.

Vermutlich sind es BENZ SÖHNE-Mitarbeiter, die den Ladenburger Automobilbau in ihren Produktionshallen fortführen wollen, mit der Darmstädter Automobilfabrik HAG (Hessische Automobilgesellschaft AG) als Motorenlieferant und Partner.

BADENIA-WERKE ✶ MANNHEIM
liefern als langjährige Spezialisten
Autoheber, Luftpumpen Explositionspfeifen, Beobachtungsspiegel, Luftdruckprüfer usw.
in erstklassiger Ausführung

Mitten in der Hochinflation finden sich weitere Investoren und im Oktober 1923 wird die Badenia Automobilwerk AG gegründet mit Sitz in Hamburg und Produktion in Ladenburg. Vorstand wird der Ladenburger Unternehmer Jacob Steffen, HAG stellt den halben Aufsichtsrat und HAG-Motorkonstrukteur Georg Hoffmann erhält Prokura.

Badenia-Heissdampf-Lastwagen.

Anschaffung
Betriebskosten
Abnutzung
wesentlich billiger
als Motorwagen.
(59)

Maschinenfabrik Badenia, Weinheim i. B.

Badenia-Belegschaft in Ladenburg neben ihrem neuen Motor, 1924

Bereits einen Monat vor der offiziellen Firmengründung ist BADENIA auf der Deutschen Automobilausstellung vertreten. Auf dem Stand der HAG wird der „Badenia 7,6/40 Motor" ausgestellt. Die Dimensionen lassen die Vermutung zu, dass Konstrukteur Hofmann dazu den HAG-Motor schlicht um 2 Zylinder erweitert hat. Der große Wurf ist es leider nicht. Der Sechszylindermotor kommt gerade mal auf 40 PS. Vergleichbare Motoren können weitaus mehr Leistung aufbringen. Entsprechend zurückhaltend ist die Kundenreaktion auf das BADENIA-Produkt. Nur wenige 8/40 Fahrzeuge finden ihren Abnehmer. Als dann auch noch der Partner HAG in finanzielle Schieflage gerät, wird es eng für das junge Unternehmen. Im Juli 1924 muss Steffen den Vorstandsposten räumen.

Ein BADENIA-Chassis auf dem BENZ SÖHNE-Gelände. Rechts: HAG präsentiert den BADNIA-Motor auf der Automobilausstellung 1923.

Ladenburger Hundstage

Rettung erhofft man sich durch die „Schmidt und Bensdorf GmbH". Die Mannheimer Firma beauftragt die BADENIA mit der Produktion eines Kleinwagens auf drei Rädern, der auf den Namen MOPS hört. Mit Stromlinienform und Mittelmotor sieht er fast so aus wie der kleine Bruder des BENZ-Grand-Prix-Tropfenwagens. Aus dem kleinen Einzylinder-Motor können immerhin 13 PS gezaubert werden, mit denen er ganze 75 Stundenkilometer schafft. Trotz Minimalismus ist sogar noch Platz für ein Reserverad nebst Verdeck. Leider ist über den Konstrukteur und die Geschichte der Kaufleute Peter Schmidt und Paul Bensdorf nichts bekannt, aber bestimmt glauben sie an ihren Erfolg, denn der MOPS ist sehr günstig als Motorrad versteuerbar und zum Betrieb reicht ein Motorrad-Führerschein aus. Um die Vorteile des Wagens zu demonstrieren, nimmt Schmidt im März 1925 bei der Deutschlandfahrt teil, einer

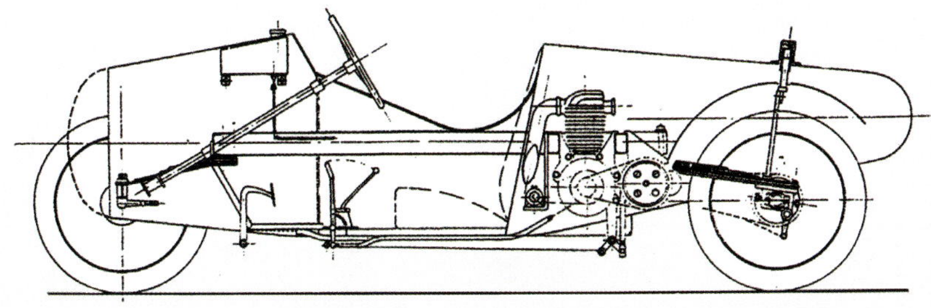

Motorradprüfung quer durch Deutschland. Er ist der einzige Vertreter in der „Cyclecar"-Klasse und muss sich durch „Schnee und Eis" kämpfen. Der Einsatz wird leider nicht belohnt, denn an einer Raststelle wird sein Mops von einem Lastwagen angefahren. Mit unpassender Windschutzscheibe und einem Tag Verzug kann die Verfolgung wieder aufgenommen werden, aber an eine Wertung ist nicht mehr zu denken. Die Pechsträhne reißt nicht ab. Praktisch zeitgleich zum MOPS kommt ein Konkurrenzprodukt mit ähnlichem Konzept auf den Markt, der HANOMAG 2/12. Für gerade mal 100 Mark mehr kann man das „Kommisbrot" erwerben, das immerhin 4-rädrig unterwegs ist. Ein Verkaufsschlager, der dem Preiskampf trotzen kann dank günstiger Serienproduktion *„Zwei Kilo Blech, ein Kilo Lack, fertig ist der Hanomag."*

Der MOPS hat keine Chance. Die Kunden bleiben aus, selbst Gebietsvertreter finden sich kaum. Und so endet die Ladenburger Automobil-Ära. Schon im Sommer 1925 muss BADENIA Konkurs anmelden. Schmidt und Bensdorf stellen einen Antrag auf Geschäftsaufsicht, der abgewiesen wird. Der Konkursantrag wird mangels Masse abgelehnt, viel ist offenbar nicht mehr zu holen. Wie viele Möpse in der kurzen Zeit hergestellt werden, ist schwer zu sagen, überdauert hat offenbar kein einziger. Letzte Erinnerung an BADENIA und MOPS ist das beeindruckende Abschiedsbild der BADENIA-Arbeiter. Einer von ihnen schenkt Jahrzehnte später dem Carl Benz Museum eine MOPS-Plakette, die er seinerzeit entwendet hatte. Mit anderen Worten - er hatte sie gemopst.

MOPS, Badenias letzte Hoffnung und Ende.

MAK
Hydraulischer
Autoheber
Maschinenfabrik A. Kirschner · Leipzig

MORGAN
Der deutsche Volkswagen
für Jedermann
2/12 PS zweisitzig — 3/18 PS viersitzig
Deutsche Qualitätsarbeit I. Ranges!
MORGAN-AUTO-AKTIEN-GESELLSCHAFT
BERLIN W 30 MARTIN-LUTHERSTR. 5
Wir sind noch frei in:
Oesterreich, Ungarn, Tschechoslowakei, Jugoslawien, Rußland, Finnland, Polen,
Danzig, Schweden, Dänemark, Norwegen, Holland und Afrika
mit Ausnahme der französischen Kolonien

HEIM

Fahr mit FORD fort, komm mit HEIM heim

Schlosserei Wagenbau

Mit 14 Jahren zur Ausbildung als Mechaniker, völlig normal damals. Und dabei hat der junge Franz Heim richtiges Glück, denn er wird 1896 als Lehrling von BENZ & Cie eingestellt. Als Schüler von „Papa Benz", wie Carl Benz in seiner Firma genannt wird, erlebt er den Aufstieg zur Weltfirma hautnah in der Wagenbau-Abteilung.

Heim zeigt gute Leistungen in der Gewerbeschule, wird zum Fahrzeugmechaniker der ersten Stunde und lernt fahren. Nach der Ausbildung liefert er die erklärungsbedürftigen High-Tech-Fahrzeuge an Kunden aus, einmal bis auf die Kanarischen Inseln, eine Weltreise damals.

Heim freundet sich mit seinem Kollegen Oskar Eberle an und lernt dessen Schwester Else kennen und lieben. Die beiden werden ein Paar.

Links: Mannheim-Neckarstadt 1897: der frischgebackene Lehrling Heim mit Pleuelstange neben seinem Abteilungsleiter August Horch, der später HORCH und schließlich AUDI gründen wird.

Unten: voller Körpereinsatz beim Preis des belgischen Automobilclubs 1907 mit Hanriot am Steuer.

Fütterung des Motors. Phot. Delius.

Grand Prix-Boxenstopp 1908 mit Franz Heim. Oben in Dieppe, Frankreich und unten in Savannah, USA.
Rechts: Heim auf dem Prinz-Heinrich Rennboot in Monaco 1909 und daneben beim Ries Rennen 1910 mit dem Prinz-Heinrich BENZ

Grand Prix, Grand Prize

Als BENZ 1907 in den Grand Prix-Sport einsteigt, bekommt „Mechanikermeister“ Heim die einmalige Chance, Beifahrer des erfahrenen Starpiloten René Hanriot zu werden. In den nicht ganz ungefährlichen Belle Epoque-Rennen ist ein Fahrerteam ganz auf sich allein gestellt, der Rennmechaniker spielt daher eine wichtige Rolle. Die junge BENZ-Rennmannschaft fährt etliche Podiumsplätze ein. Größter Erfolg für Hanriot und Heim ist sicher der dritte Platz beim wichtigsten Rennen des Jahres 1908, dem Französischen Grand Prix. Weniger Glück haben die beiden beim Grand Price of America, als ihnen kurz vor dem Ziel der Sprit ausgeht. Vor tausenden Zuschauern muss der Wagen über die Ziellinie gerollt werden. Frisch aufgetankt wird ihnen der Weg zurück versperrt von Soldaten, die den Befehl haben, die Piste freizuhalten. Als Hanriot dennoch weiterfährt, werden seine Reifen zerschossen, eine Kugel trifft sogar den Tank. Weniger gefährlich geht es 1909 bei den Weltrekordversuchen in Brooklands zu. Heim ist als Mechaniker dabei, als mit dem Blitzen-Benz die magische Grenze von 200 Stundenkilometer fällt. BENZ liefert die Grand Prix-Motoren auch für das „Prinz Heinrich“-Schnellboot, das beim Bootsrennen in Monaco antritt. Heim ist mit an Bord, um die beiden Motoren bei Laune zu halten. Aber statt einen neuen Rekord aufzustellen, sinkt das Paradeschiff. Beide Insassen können von einem Kohledampfer gerettet werden. Als Prinz Heinrich, Bruder des deutschen Kaisers, davon erfährt, ist er recht verstimmt und Konstrukteur Wolff muss erst einmal untertauchen. Heim hingegen steigt zum Werksfahrer auf und fährt bei Sprint- und Bergrennen in ganz Europa. Mit seinen Prinz-Heinrich-Sportwagen legt er 1910 eine regelrechte Siegesserie hin.

BENZ schickt ihn am Ende der Saison als technischen Leiter zu den anstehenden Rennen in

Heim, Franz Spezial-Geschäft für alle
Automobil- u. Gummi-Reparaturen,
-Zubehör, Benzin. Oel, Pneumat.
Gelegenheitskäufe
Amtlich anerkannter Kraftfahrlehrer
Tel. 7088 Werkstätte: Käfertalerstr. 7
Wohnung: Mittelstr. 38

USA. Beliebt ist der perfektionistische Deutsche nicht, seine amerikanischen Teamkollegen stecken die „Nervensäge“ angeblich kopfüber in ein schmutziges Ölfass.

Aber das ist schnell vergessen, als ein BENZ bei Tests verunglückt und der Fahrer Robertson schwer verletzt wird. Heims Mechaniker-Team macht den stark beschädigten Wagen in wenigen Tagen wieder startklar für den Vanderbilt Cup auf Long Island. Heim selbst springt als Fahrer ein und fährt sein erstes „echtes“ Rennen. Leider zerfetzt ein aufgeschleuderter Stein seine Benzinleitung und er muss mit einem Motorbrand aufgeben.

Der USA-Einsatz findet wenige Wochen später seinen krönenden Abschluss mit einem Doppelsieg beim Grand Prize in Savannah, dem vielleicht größten Rennerfolg für BENZ überhaupt.

Der Privatier

1911 macht sich Heim selbständig und eröffnet eine Hinterhof-Werkstatt in Mannheim-Neckarstadt. Oft ist er dort nicht anzutreffen, denn er bekommt etliche lukrative Engagements. So siegt er noch einmal für BENZ bei der russischen Zarenfahrt oder mit dem „Blitzen Benz“ für den rennverrückten Bierproduzenten Theodor Dreher beim renommierten Ries-Bergrennen in Österreich. Nach einem erneuten Einsatz in USA wird er von der französischen Traditionsfirma LORRAINE-DIETRICH beauftragt, vier Grand Prix-Wagen aufzubauen, die zugegebenermaßen den BENZ Boliden sehr ähnlich sind. In wenigen Monaten sind sie einsatzbereit für den französischen Grand Prix 1912.

Liège 1910

Europa-Tournee 1910

Brooklands 1910

Long Island 1910

Ries 1911

Zarenfahrt 1911

Dieppe 1912

Brooklands 1913

Heim bekommt sogar die Gelegenheit, selbst als Fahrer teilzunehmen. Leider fallen die eilig entwickelten Neukonstruktionen im Rennen mit Motorschaden aus. Erst Monate später wird das Potential der Rennwagen bei Geschwindigkeits-Weltrekorden bewiesen.

Zurück zu Hause wird klar, dass ihn die Arbeit in der Werkstatt nicht ausfüllt. Er beginnt mit der Konstruktion eines günstigen Kleinwagens mit zwei hintereinander angeordneten Sitzen. Rennfahrer Heim weiß, wie wichtig ein tiefer Schwerpunkt für die Fahrstabilität ist, daher ordnet er den Fahrgastraum sehr tief an. Möglich wird das, indem er die störende Kardanwelle seitlich unter dem Trittbrett vorbeiführt.

Zum Jahreswechsel 13/14 wird er ein letztes Mal für Blitzen-Benz-Weltrekordversuche in Brooklands gebucht. Die Familie zieht auf den Lindenhof. In der größeren Werkstatt, Lindenhofstraße 28, entsteht der HEIM-Prototyp mit WANDERER-Einliter-Motor.

Er ist fertig bis auf die End-Lackierung, als der Erste Weltkrieg ausbricht. Heim wird Soldat, seine Frau übernimmt die Werkstatt. Sie beschäftigt den ganzen Krieg über bis zu 30 Mitarbeiter, um Armee-Lastwagen zu reparieren. Dazu vergrößert sie den Betrieb und verlagert die Werkstatt in die Lindenhofstraße 24-26.

Zurück von Paris:
Franz Heim mit Familie. Ehefrau Else rechts im Vordergrund mit den Kindern. Der Biergarten am Schloss-Ballhaus ist heute Mensagelände der Universität Mannheim

Rechts: Rekonstruktion des HEIM Zweisitzers.

Schatz, wir gründen eine Automobilfabrik

Heim kehrt aus dem Krieg zurück und hat große Pläne. Er möchte eine eigene Automobilfirma gründen. Es passt einfach alles zusammen, um diesen Traum zu verwirklichen. Im Nachkriegsdeutschland ist der Bedarf an Fahrzeugen enorm, Else hat viel ansparen können und die große Werkstatt ist nicht ausgelastet. Mitgründer sind Heims Schwager Oskar Eberle und Jakob Stengel, vormals Chefkonstrukteur bei BENZ. Über ein Jahr dauern Konstruktion und Produktionsvorbereitung. Viele gute Fachkräfte können in kurzer Zeit gewonnen werden, da BENZ in großem Umfang Personal freisetzt. Ein „Ableger von BENZ" entsteht. Im Mai 1920 wird die HEIM & CIE BADISCHE AUTOMOBIL-FABRIK schließlich gegründet.

Ihre Konstruktionen unterscheiden sich von der breiten Masse. Am auffälligsten ist die tiefe Straßenlage. Als Fahrgast steigt man fast in eine Wanne. Auch die Querblattfederung an der Vorderachse ist ein Markenzeichen. Karosserie und Innenausstattung stellt HEIM selbst her, ebenfalls eine echte Ausnahme, die man sonst nur bei größeren Firmen findet. Die Motoren werden von SELVE bezogen. Obwohl die Fahrzeuge sehr individuell ausgestattet sind, muss ein Kunde lediglich vier Wochen auf seinen HEIM warten. Die Wagen sind vom Start weg gut verarbeitet und verkaufen sich regional sehr gut. Im Lindenhof werden 12 Stück pro Monat hergestellt. Aber Heim reicht das nicht. Er meldet die Firma beim AVUS-Eröffnungsrennen an, das im Rahmen der Automobilausstellung 1921 stattfinden soll. Er weiß nur zu gut, wie wichtig Rennerfolge für eine Marke sind. Und sicher ist es für ihn auch eine gute Gelegenheit, wieder einmal Rennen zu fahren.

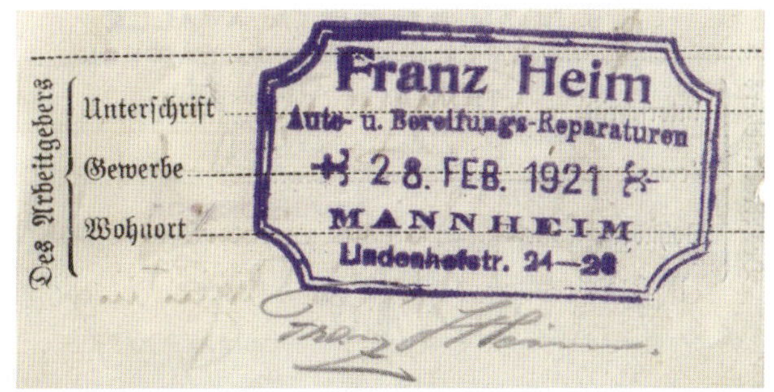

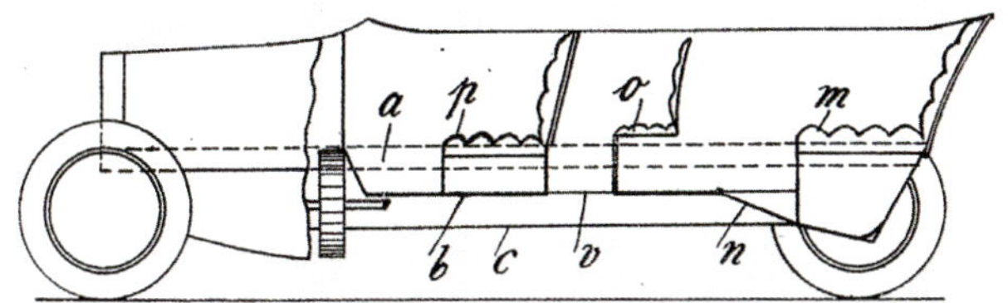

Skizze aus einem Patent von Eberle und Heim

Franz Heim am Steuer des 8/30 HEIM beim Start.

Aus Serienfahrgestellen entstehen zwei Boliden, die in unterschiedlichen Klassen starten sollen. An der Konstruktion ist Arthur Henney beteiligt, Heims Freund und rennbegeisterter Generalvertreter in Wiesbaden. Es geht auf eigener Achse nach Berlin. Henney fährt im Rennwagen mit Frau und Tochter, die ausnahmsweise die Schule schwänzen darf. *„Reisen bildet mehr als Schule“*, so die Devise von Frau Henney. Da zeitgleich die Automobilausstellung stattfindet, findet man „Direktor“ Heim mit Anzug auf dem HEIM-Stand und zwischendurch im Renndress bei den Tests auf der Strecke. Ganz Berlin scheint auf den Beinen zu sein, um die Rennen mitzuerleben. Heim startet gleich zur Eröffnung. Die beiden Konkurrenzwagen seines Motorlieferanten SELVE fallen nacheinander aus, aber *„der alte BENZ-Rennfahrer Heim kam ganz hervorragend mit seinem Eigenbauwagen voran, unter dem auch ein SELVE-Aggregat blubberte“*, *„...der außerordentlich tiefliegende ... lag hervorragend auf der Straße“*, so die Presse.

Ergebnis ist ein dritter Platz, mit dem die junge Marke HEIM auf einen Schlag bekannt wird. Da macht es auch nichts aus, dass Henney am Rennsonntag mit einem Motorschaden aufgeben muss.

Es ist nicht bekannt, wie Familie Henney danach wieder nach Hause gekommen ist.

Unten: Arthur Henney im 6/18 HEIM beim Training. Links neben ihm steht möglicherweise Franz Heim.

Der Siegerkranz wird natürlich gleich auf dem HEIM-Stand ausgestellt. Auch jenseits der Rennstrecke erhält die neue Firma großes Lob von der Presse. So berichtet der „Motorfahrer" über Heim & Cie:

„Die Firma zeigte auf der Ausstellung ein 8/30 Phaeton von sehr niedriger und schnittiger Form. Trotz der niederen Bauart sitzen die Passagiere sehr tief und bequem. Dadurch wird eine tiefe Schwerpunktlage des Wagens erreicht, die ein sehr sicheres Fahren gewährleistet. Sehr gut ist die Federung des Wagens durchgebildet, so dass der Wagen sehr elastisch fährt."

HEIM & Cie muss expandieren und pachtet ein weiteres Werk im Jungbusch, Schanzenstraße 8-14. Ein großer moderner Maschinenpark wird angeschafft. Es gibt eine eigene Gießerei, Dreherei, Spenglerei und Vernickelungsanstalt. Voller Euphorie wird in Blankenese sogar eine Zweigniederlassung für den Weltexport gegründet.

„Dritter Sieger im ersten Grunewaldrennen Kl(asse) 8." Der HEIM Stand auf der Deutschen Automobilmesse in Berlin 1921. Mannheim ist auf der Messe gut vertreten : FULMINA, UNION-WERKE, BENZ und BENZ SÖHNE stellen ebenfalls aus.

Unter den „HEIMwerkern", wie sie sich selbst bezeichnen, sind Mechaniker, Wagner, Sattler und Schreiner. Lenkung und Getriebe bis hin zur Lackierung der Karosserie sind echte HEIM-Arbeit. 1921 kommt die neue 8/40 Serie heraus, das meistverkaufte HEIM-Modell. Heim geht den nächsten Schritt und beginnt mit der Entwicklung eines eigenen Motors mit doppelter Leistung bei gleichem Motorvolumen, sprich ohne Erhöhung der Steuerklasse. Solch ein Motor könnte für Rennerfolge sorgen und die Firma in die Oberliga katapultieren. Er möchte damit 1922 beim Grand Prix in Monza starten. Richtig gelesen, Grand Prix, damals wie heute Tummelplatz der großen Firmen und erfahrenen Rennställe. Heim kennt sich im Aufbau von Grand Prix-Teams aus und weiß genau, was er tut. Die neue Zweiliter-Rennformel zwingt alle Wettbewerber zu Neukonstruktionen und ein Überraschungserfolg ist durchaus denkbar. Der geplante HEIM-Motor entspricht genau der neuen Formel und dürfte mit 80 PS absolut konkurrenzfähig sein. Heim meldet drei Wagen an: für sich, Henney und Reinhold Stahl, der für BENZ bereits einige Rennen gewonnen hatte.

Oben: Die „HEIMwerker", darunter Franz Heim Junior (vorne, 2.v. links) mit 14 Jahren als Lehrling im elterlichen Betrieb. Links: Produktpräsentation in der Schanzenstraße.

HEIM & CIE.

Badische Automobil-Fabrik

Mannheim

Schanzenstrasse 8—14

Tel. 8083, 9553, 10633.

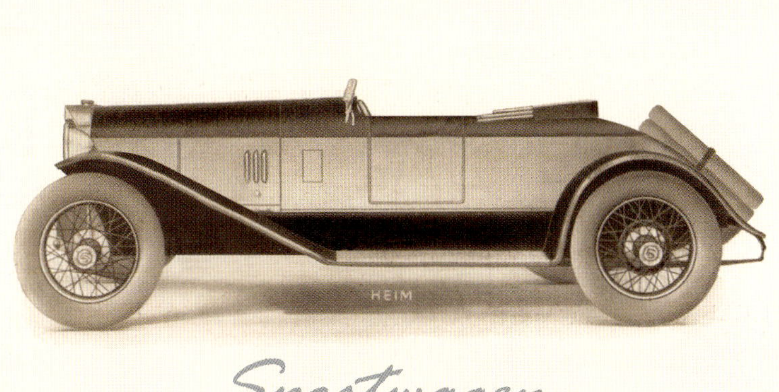

Vier-Sitzer Tourer

8/40 Modelle

Monza

Wieder dienen ganz normale Serienfahrgestelle als Basis für die Rennwagen. Wegen der stromlinienförmigen Karosserie bekommen sie bald den Spitznamen „Zigarre". Die Testfahrten mit den noch unlackierten silbernen Wagen gehen bis nach Lampertheim, vorbei am BENZ-Werk, in dem ebenfalls die Vorbereitungen für Monza laufen. Man darf gespannt sein auf das „Mannheim-interne" Renn-Duell in Italien. Wohl als Praxistest unter Rennbedingungen starten die Zigarren im Juni 1922 beim AVUS-Rennen in Berlin, allerdings noch ausgestattet mit SELVE-Motoren. Im Rennen wird jedoch schnell klar, dass die Motorleistung nicht ausreicht. Es kommt noch schlimmer: Henney überschlägt sich am Ausgang der Südkurve auf regennasser Fahrbahn. Zum Glück bleiben die Insassen unversehrt, aber der Wagen wird stark beschädigt. Stahl fällt abgeschlagen aus und Heim rettet sich in einem Regenchaos auf den fünften Platz. Für Monza hoffen alle auf den neuen Motor, aber der wird nicht rechtzeitig fertig. Die Planung erweist sich als viel zu optimistisch und damit ist das Projekt eigentlich beendet.

Doch dann geschieht etwas Unglaubliches. Im Juli zeigt sich FIAT beim Straßburger Grand Prix derart überlegen, dass fast alle Teams ihre Nennung für Monza zurückziehen, auch BENZ und DAIMLER werden nicht antreten. Was gibt es also schon zu verlieren? Dabei sein ist alles. Die beiden verbliebenen Zigarren machen sich im September auf den Weg nach Italien, um Deutschland beim Grand Prix zu vertreten. Völlig verspätet kommen sie in Monza an, sodass nur noch zwei Tage für Tests bleiben. Auch bei den anderen Teams geht einiges schief bei der Anfahrt. BUGATTI muss in der Schweiz 200 Franken „wegen Schnellfahrens" bezahlen (das hat die Schweizer Polizei wohl mit der Stopp-Uhr gemessen) und Neubauer von AUSTRO-DAIMLER aus Österreich verliert viel Zeit bei der Alpenüberquerung mit einer leerlaufenden Batterie. Die italienischen Organisatoren sind froh darüber, dass wenigstens ein Teilnehmer aus Deutschland teilnimmt.

Einen Tag vor dem Rennen kommt es im

Armbinde von Stahls Mechaniker Heinrich Bögel vom AVUS-Rennen 1922.
Oben: der HEIM-GP-Wagen nach der Ankunft in Monza - mit Hupe und Nummernschild.

Training zu einem schweren Unfall. Der Heidelberger Fritz Kuhn verunglückt tödlich mit seinem AUSTRODAIMLER ADR II, sein Beifahrer Fiedler wird schwer verletzt. Offenbar hat HEIM bei der Bergung geholfen, das Team bekommt Applaus von den Rängen. AUSTRO-DAIMLER-Generaldirektor Ferdinand Porsche zieht seine Rennwagen nach dem Unfall zurück. Auch Ettore Bugatti möchte nach enttäuschenden Testergebnissen seiner 8-Zylinder-Rennwagen nicht mehr starten. Kurz vor dem Start wird er jedoch von Vertretern der italienischen Faschisten überzeugt, zumindest mit einem Wagen anzutreten. Der Start verzögert sich, bis der BUGATTI einsatzbereit ist. Mit einer halben Stunde Verspätung stehen schließlich acht Wagen in der Startaufstellung. Es regnet und Heim sitzt in seinem HEIM-Rennwagen auf der Pole Position unter dem Jubel tausender Zuschauer. Was mag ihm durch den Kopf gegangen sein?

Von oben nach unten:
Heim per Los auf der Pole Position.
Bereits beim Start wird Heim überholt.
Stahl in voller Aktion vor den Tribünen.
Heim muss seinen Wagen mit Motorschaden vor den Tribünen abstellen.

EINHEITSTYPE 8/40 PS

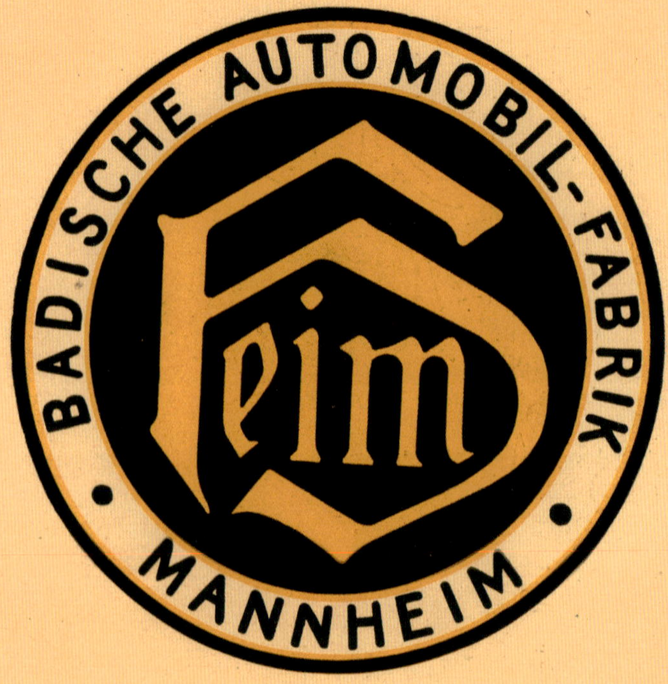

VERTRETEN AUF DER BERLINER AUTOMOBIL-AUSSTELLUNG

HEIM & CIE
BADISCHE AUTOMOBIL-FABRIK
MANNHEIM

GENERAL-VERTRETUNG ARTHUR HENNEY UND V. D. KNESEBECK WIESBADEN

Monza ist der Wendepunkt in seinem Leben. Beide HEIM fallen mit Motor- und Getriebeproblemen aus. Die deutsche Presse nimmt nicht einmal Kenntnis davon. Zurück in Deutschland setzt die Hyperinflation ein. Arbeitskämpfe, Streiks und Materialknappheit bringen die Firma fast zum Erliegen. Heim zieht sich als Gesellschafter zurück und gründet das „HEIM-MOTORENWERK". Die verbliebenen Firmengründer Eberle und Stengel führen HEIM & Cie durch die Krise. Allen Problemen zum Trotz ist die Firma 1923 auf der Deutschen Automobilausstellung vertreten und „hat ihre 8/40-PS-Typen in zwei offenen (vier und sechs Sitze), gleichmäßig dunkelblau lackierten Sportwagen vorgeführt. Die schwarze Lederpolsterung hat weiße Absteppungen," berichtet die „Allgemeine Automobilzeitung". Mit einiger Verspätung werden die hauseigenen Motoren endlich serienreif und im neuen 9/60-Tourenwagen und 8/80-Sport-Zweisitzer verbaut.

Es sind die erhofften Meisterstücke geworden, die technisch viele Wettbewerber in den Schatten stellen. Der 80 PS Motor kommt auf 145 Stundenkilometer Höchstgeschwindigkeit, ein ungewöhnlich starker Motor für die Zeit. Besonderheit ist *„der verblüffend rasche Start und das flotte Anzugsmoment...eine seltene Geschmeidigkeit, so dass man im direkten Gang mit Schneckentempo fahren und im nächsten Moment sofort wieder mit Vollgas auf hohe Geschwindigkeit kommen kann...erstaunlich, dass der HEIM-Wagen mit dieser Maschine nur 240 Mark Kraftwagensteuer kostet, wogegen bei einem anderen Wagen von ähnlicher Leistung hierfür 1400 Mark aufzubringen sind"*, schwärmt der „Motor".

Der Artikel übertreibt nicht. BENZ beispielsweise hat nichts dergleichen im Programm. Doch der HEIM-Motor kommt zum denkbar ungünstigsten Zeitpunkt auf den Markt. Amerikanische Serienprodukte haben einen massiven Preiskampf ausgelöst, der ausgefeilter Technik keinen Raum gibt. Entsprechend bleiben die Verkaufszahlen weit hinter den Erwartungen zurück. Das HEIM-Motorenwerk muss geschlossen werden. Heim ist tragisch gescheitert. Er erleidet einen Herzanfall, weitere sollen folgen.

Heim-Motorenwerk
Mannheim-Lindenhof
Lindenhofstraße 24-28 Tel. 7088
Inhaber:
Franz Heim
Otto Schaedle
Friedrich Rieder
Motoren- u. Motorrad-Fabrikation

Ein HEIM-8/80-Sportwagen beim Solitude-Rennen 1925.

Oben: Werbefoto vor der Mannheimer Augustaanlage 32

Flucht nach vorn

Durch den anhaltenden Preisverfall kämpft HEIM & Cie weiter mit Absatzproblemen. Von ehemals 180 Mitarbeitern sind mittlerweile nur noch 130 beschäftigt. Aber im Vergleich zu anderen in der Branche halten sie sich erstaunlich gut mit ca. 15 verkauften Fahrzeugen pro Monat. In der ganzen Republik gibt es mittlerweile HEIM-Vertretungen und noch Anfang 1925 eröffnet die „HEIM Automobil-Verkaufsgesellschaft" am Opernplatz 10 in Frankfurt. Es wird alles unternommen, um auf die Marke aufmerksam zu machen. Auf der prominenten „Schönheitskonkurrenz" in Baden Baden wird ein *„8/40 HEIM Wagen mit anmutiger Besetzung"* präsentiert. Eberle und Stengel nehmen an Rennen teil. Eberle organisiert exklusive Ausfahrten für HEIM-Besitzer, eine Art Kundenbindungsprogramm der Zwanziger. Es gibt den Versuch, Sonderfahrzeuge anzubieten, wie den „Industriewagen", bei dem sich die hinteren Sitze umklappen lassen, um eine große, mit Zinkblech ausgeschlagene Ladefläche zu erhalten. Oder den „Spezial-Ärzte-Wagen", mit dem ein liegender Patient transportiert werden kann durch Umklappen von Beifahrer- und Rücksitz.

HEIM auf der Schönheitskonkurrenz 1925

Familie Benz zu Besuch beim Rennen des Rheinischen Automobilclubs in Speyer 1925. Bertha und Carl Benz in Schwarz mit den Söhnen Richard und Eugen, Oskar Eberle ganz rechts und die „Heim"-Kinder im Matrosenanzug um den HEIM-Wagen verteilt.

All diese Bemühungen nutzen letztendlich nichts. Ende 1925 bricht der Absatz komplett ein, selbst bestellte Wagen werden nicht mehr abgenommen. Die Firma muss Antrag auf Geschäftsaufsicht stellen, eine Art Vorstufe zur Insolvenz unter Staatsaufsicht. Franz Heim verkraftet das alles nicht. Im Januar 1926 nimmt sich der 43-jährige Familienvater das Leben. Die Firma wird nach und nach abgewickelt. Bis 1928 entstehen HEIM-Wagen aus Restbeständen, ausgestattet mit amerikanischen Motoren von MOON oder CONTINENTAL MOTORS. Der Ersatzteilbestand und ein Teil der Belegschaft wird von der Mannheimer Reparaturgesellschaft AUREPA übernommen.

Das HEIM-Phantombild: Sportwagen, verblichene Lackierung, unlackierte Motorhaube

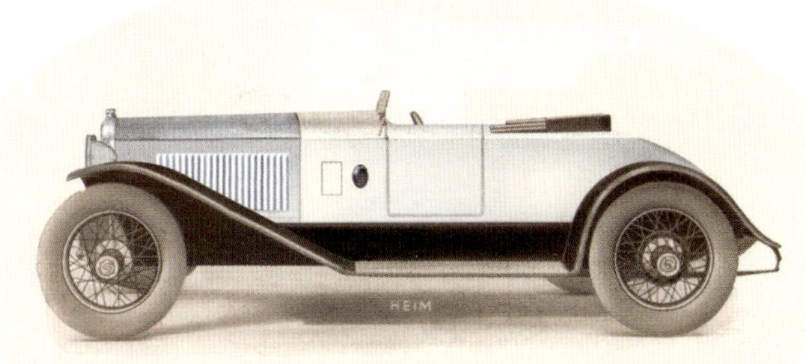

Eberle gründet eine Fahrschule, die unter dem Namen Rakowski heute noch existiert. Der Spruch „Fahr mit FORD fort, komm mit HEIM heim", hält sich in Mannheim noch bis in die siebziger Jahre. Eine letzte HEIM-Plakette kann im Ladenburger Carl Benz Museum besichtigt werden. Sie stammt aus dem Nachlass von Carl Benz, der bis ins hohe Alter ein gutes Verhältnis zu seinem Lehrling Franz Heim hatte. An der Stelle der ehemaligen Lindenhöfer HEIM-Fabrik steht heute das Neue Technische Rathaus. Offenbar existiert noch ein HEIM-Wagen in den USA, nur leider hat sich seine Spur verloren. Aber es gibt ein Phantombild, und wer weiß?

Die Auffahrt der Heimwagen

anläßl. der Badenia-Preisfahrt des Rhein. Automobil-Club am 5. Juli 1925 an der Stiftsmühle in Heidelberg.

Auf dem Trittbrett Fräul. Gertrud Gümbel, die jüngste Rennfahrerin Deutschlands auf „Heim“.

SELVE, DER "BESTE"
UNBESIEGT!
SELVE-AUTOMOBILWERKE
A.G.
HAMELN A.D. WESER

BENZ

Dem Stern entgegen

Der Global Player

1912 sprechen die Zahlen für sich: Von den ca. 20.000 Personenwagen, die in Deutschland gebaut werden, kommen etwa 3000 von BENZ & CIE AG, weit mehr als vom Konkurrenten DAIMLER MOTORENGESELLSCHAFT AG mit knapp 2000. Als „älteste Automobilfabrik der Welt“ ist BENZ weltweit vertreten und wird in manchen Ländern zum Synonym für Automobile. In den USA ist BENZ sehr populär durch Rennerfolge beim „Grand Prize“ und Auftritte des Weltrekordwagens „Blitzen-Benz“, der mit über zweihundert Stundenkilometer doppelt so schnell ist wie jedes Flugzeug zu jener Zeit.

Oben: BENZ-Stand im Pariser Grand Palais
Rechts: Treffen im Käfertaler Wald: zum 110. Jubiläum wird ein Blitzen-Benz-Foto vor dem Wasserwerk nachgestellt mit den Museumspräsidenten Hermann Layher vom Technikmuseum Speyer-Sinsheim (Mitte) und Winfried Seidel vom Dr. Carl Benz Museum, Ladenburg (links). Am Steuer dank Fotomontage: Franz Heim, Sieger des Ries-Bergrennens 1911.

Das neue Werk in Mannheim-Luzenberg ist ganz auf die Bedarfe der Automobilproduktion ausgerichtet und ein „interessantes Beispiel dafür, wie eine Fabrik angelegt werden muss." Eine Zeit lang arbeitet dort auch der Schlosser Josip Broz aus Kroatien, der es später als „Tito" zum jugoslawischen Staatschef bringen wird. BENZ bietet eine einmalige Typen-Vielfalt an, vom preiswerten Einsteigermodell bis zum Hubraum-Monster, natürlich in allen erdenklichen Karosserievarianten. Auf dem Luzenberg werden neuerdings auch Flugmotoren hergestellt und auf dem ehemaligen Werksgelände in der Neckarstadt, dem „alten Benz", entstehen Großmotoren, darunter gewaltige Schiffs-Diesel.

Bei Nutzfahrzeugen ist BENZ ebenso erfolgreich und es gelingt, die SÜDDEUTSCHE AUTOMOBIL-FABRIK GmbH zu erwerben. Daraus entstehen die BENZWERKE GAGGENAU für das wachsende Geschäft mit Omnibussen und Lastwagen. Deren Kunden werden angelockt durch die hohe „Subventionswagen"-Prämie der Heeresverwaltung. Einziger Nachteil dabei ist, dass der Besitzer seinen Lastwagen im Falle eines Krieges an die Armee abgeben muss. Damit hat wohl niemand wirklich gerechnet.

Im August 1914 beginnt der Erste Weltkrieg.

Montage von Flugzeug-Motoren in der „Großen Halle" 1915

Weltkrieg

Der Krieg verändert alles. BENZ schaltet in kürzester Zeit auf Rüstungsproduktion um. Auf dem Luzenberg werden Flugzeugmotoren hergestellt, beim „alten BENZ“ sind es Großmotoren für die Marine. Gaggenau liefert Lastwagen und Sonderfahrzeuge für die Armee.

Da etliche Arbeiter in den Krieg ziehen, übernehmen Frauen deren Tätigkeiten. Zum ersten Mal machen sie fast ein Fünftel der Belegschaft aus.

Der Weltkrieg beschert dem Unternehmen einen regelrechten Profit- und Expansionsrausch. Der Umsatz verdoppelt sich bei einem Gewinn von hundert Prozent.

Noch eifriger ist Wettbewerber DAIMLER, der im Laufe des Krieges die Produktionsleistung von BENZ deutlich übertrifft.

Flugmotoren-Abnahme auf dem Luzenberg, 1918 (Willy Walb 2. v. l)

Der deutsche Kaiser mit Gefolgschaft auf Kurzbesuch beim Mannheimer BENZ-Werk, 1914

Materialprüfung bei BENZ im Weltkrieg

Neuanfang

Mit dem Kriegsende kommt das böse Erwachen. Der Staat zahlt zwar Millionenabfindungen für stornierte Rüstungsaufträge, aber das hilft kaum. Die Produktion von Flugzeugmotoren ist verboten, der „alte Benz“ hat praktisch keine Aufträge mehr und beim Automobilbau ist der wichtige Export eingebrochen. Die Folge ist eine massive Stellenkürzung. Fast alle weiblichen Beschäftigten werden verdrängt, da zurückkehrende Soldaten laut Staatsverfügung ein Anrecht auf ihren früheren Arbeitsplatz haben. Über 1000 Frauen verlieren dadurch ihren Arbeitsplatz. Das Mannheimer Werk findet keine Ruhe mehr.

Es kommt regelmäßig zu Betriebsstörungen mit Streiks und Aussperrungen, die sich über Wochen hinziehen. BENZ verliert etliche Fachkräfte an neue Automobilfirmen, die gerade in der Republik entstehen. Auffällig ist, dass zwar Mitarbeiter in großem Maße abgebaut werden, aber dennoch riesige Produktions-Überkapazitäten erhalten bleiben. Im Vorstand möchte man offenbar die gewinnbringende Rüstungsproduktion bei Bedarf schnell wieder hochfahren können. Ein kostspielige Strategie für die ohnehin angeschlagene Firma. 1920 wird eine Erhöhung um die Hälfte des Aktienkapitals beschlossen. Frisches Geld, das aber zu weiterer Abhängigkeit vom Aktienmarkt führt. Die schwierige Finanzlage ist damit nicht gelöst. Beteiligungen wie an der ungarischen MARTA müssen unter Verlust abgestoßen werden. Selbst der „alte Benz“ kann nicht mehr gehalten werden. 1921 wird die Abteilung an ein Konsortium verkauft, woraus die „Motoren Werke Mannheim AG (M.W.M.) entstehen. Einzig die BENZWERKE GAGGENAU florieren. Moderne Lastwagen sind gefragt, im Gegensatz zu den Personenwagen haben sie im Krieg einen großen Entwicklungssprung realisiert. Zunehmend beliebt sind auch Gaggenauer Omnibusse, mit Dach oder ohne.

Der Automobilbau kommt erstaunlich schnell wieder in Fahrt, von der ehemaligen Größe ist man freilich weit entfernt. Im Angebot sind Vorkriegsmodelle und Neukonstruktionen, wie der schicke 27/70 mit seinen charakteristischen drei Auspuffrohren.

Auf der Automobilausstellung 1921 ist BENZ natürlich vertreten, auch etliche Karosseriebetriebe präsentieren BENZ-Kreationen, wie KELLNER, DRAUZ, AUER, und PAPLER.

Die Presse schwärmt von einer *„bemerkenswerten Weichheit der Linienführung"* oder einem *„lila Tuchgobelinausschlag und hellgrau gemusterter Holztäfelung in altenglischem Renaissancestil..."*.

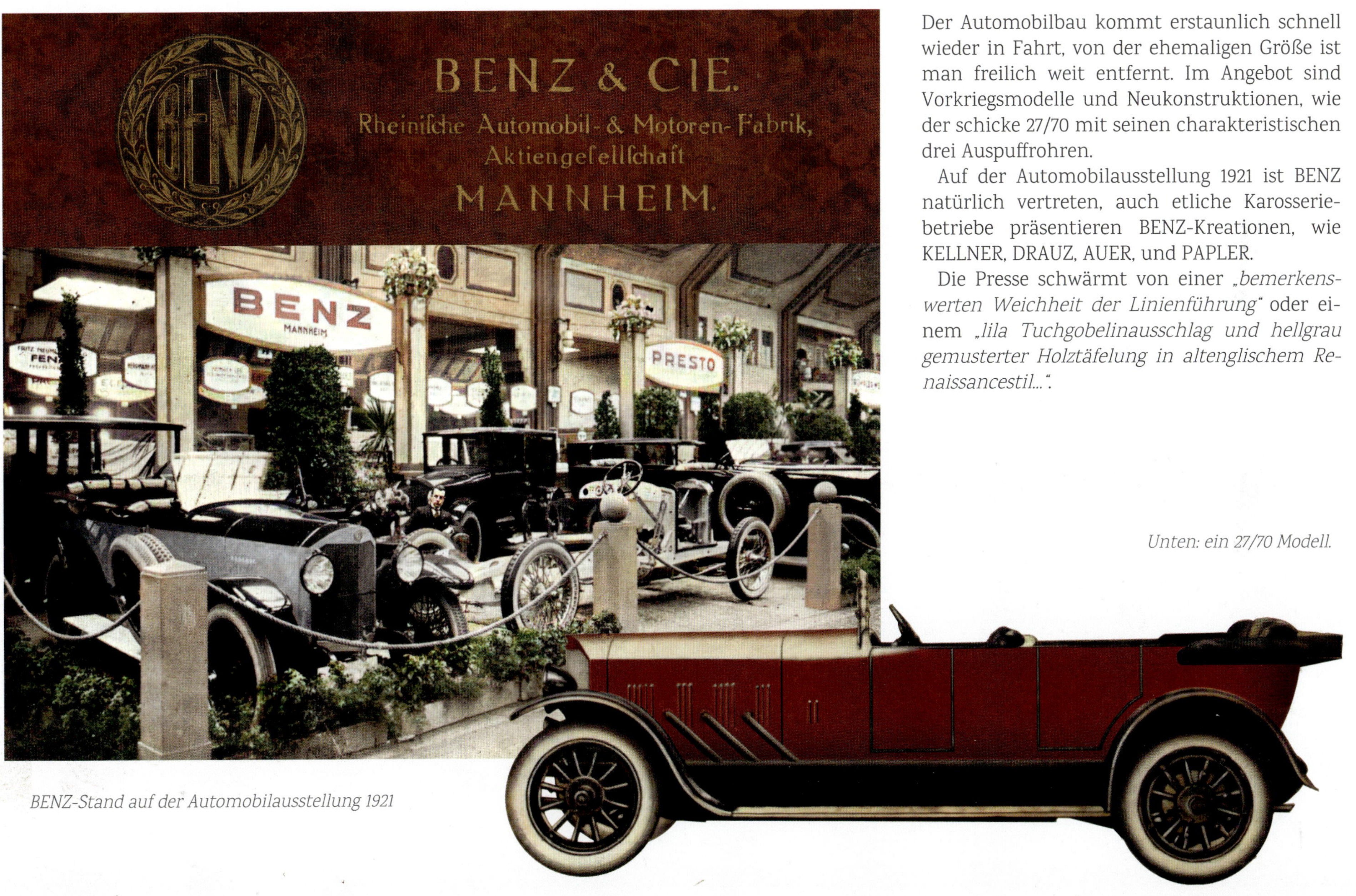

Unten: ein 27/70 Modell.

BENZ-Stand auf der Automobilausstellung 1921

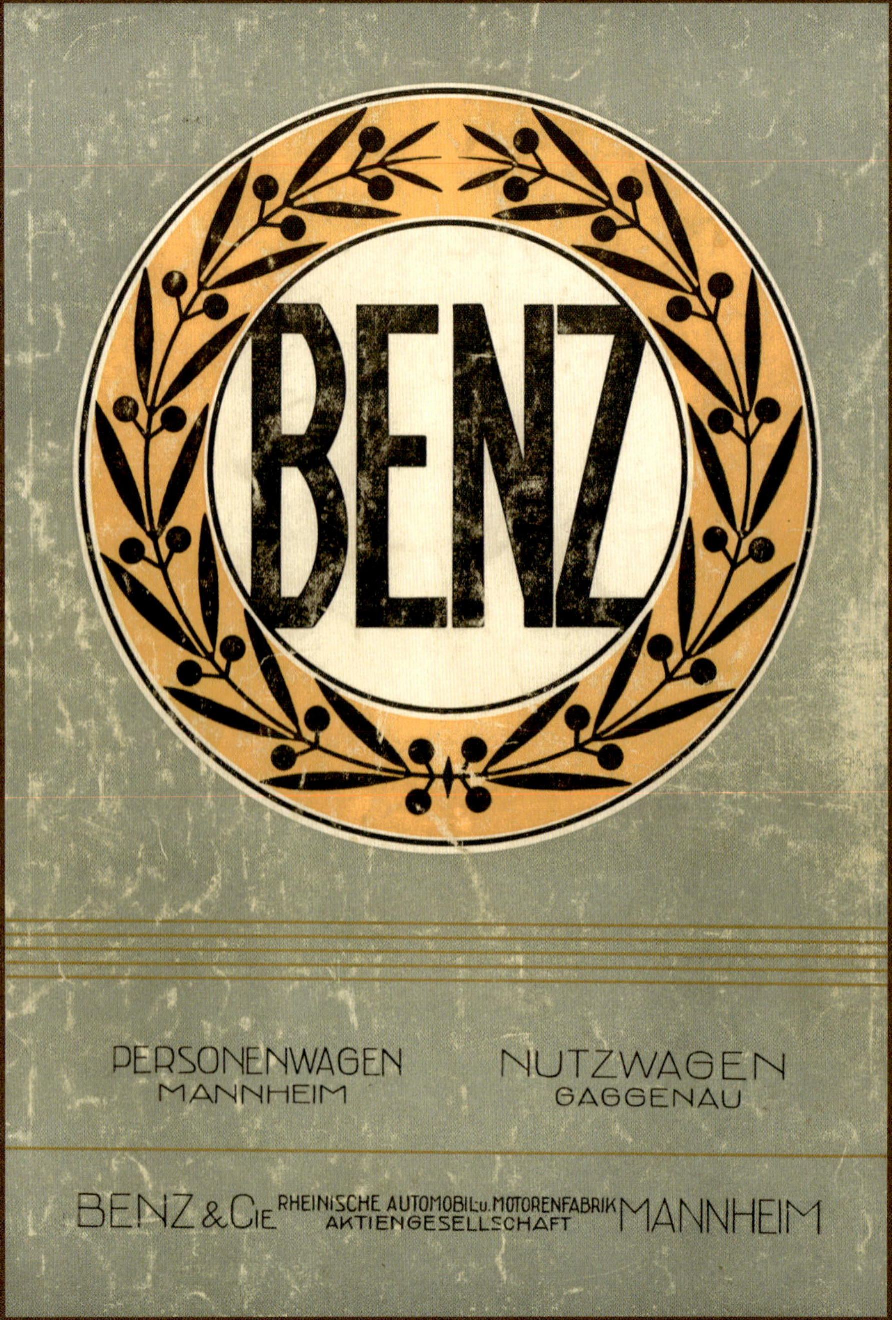

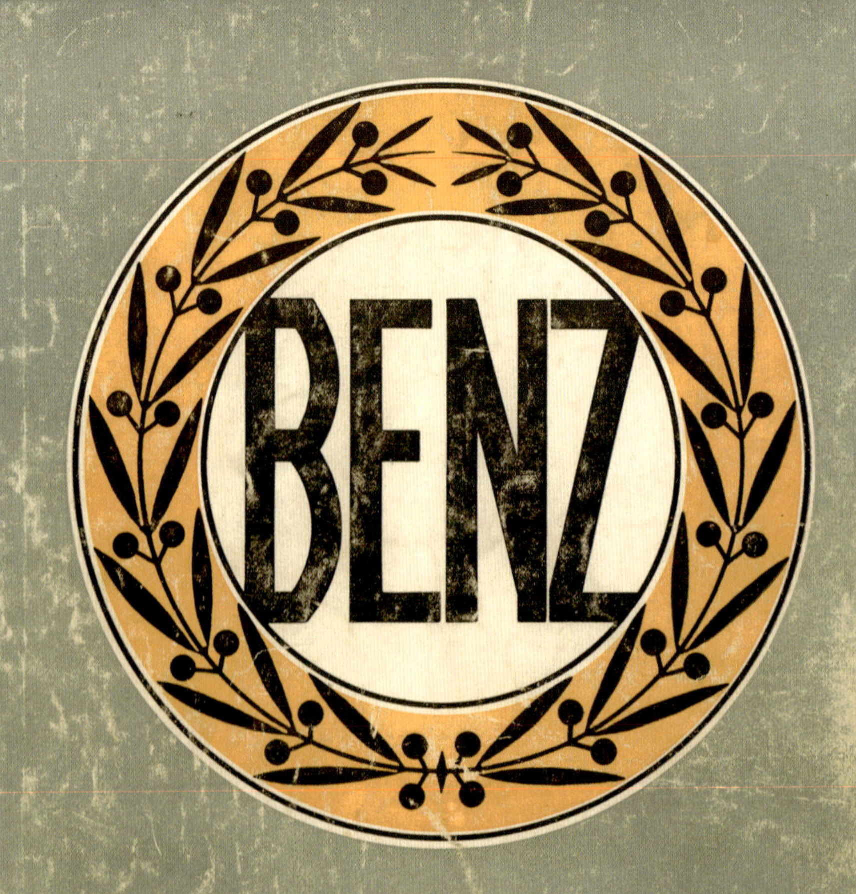

BENZ
PERSONENWAGEN
MANNHEIM
NUTZWAGEN
GAGGENAU
BENZ & Cie RHEINISCHE AUTOMOBIL- u. MOTORENFABRIK AKTIENGESELLSCHAFT MANNHEIM

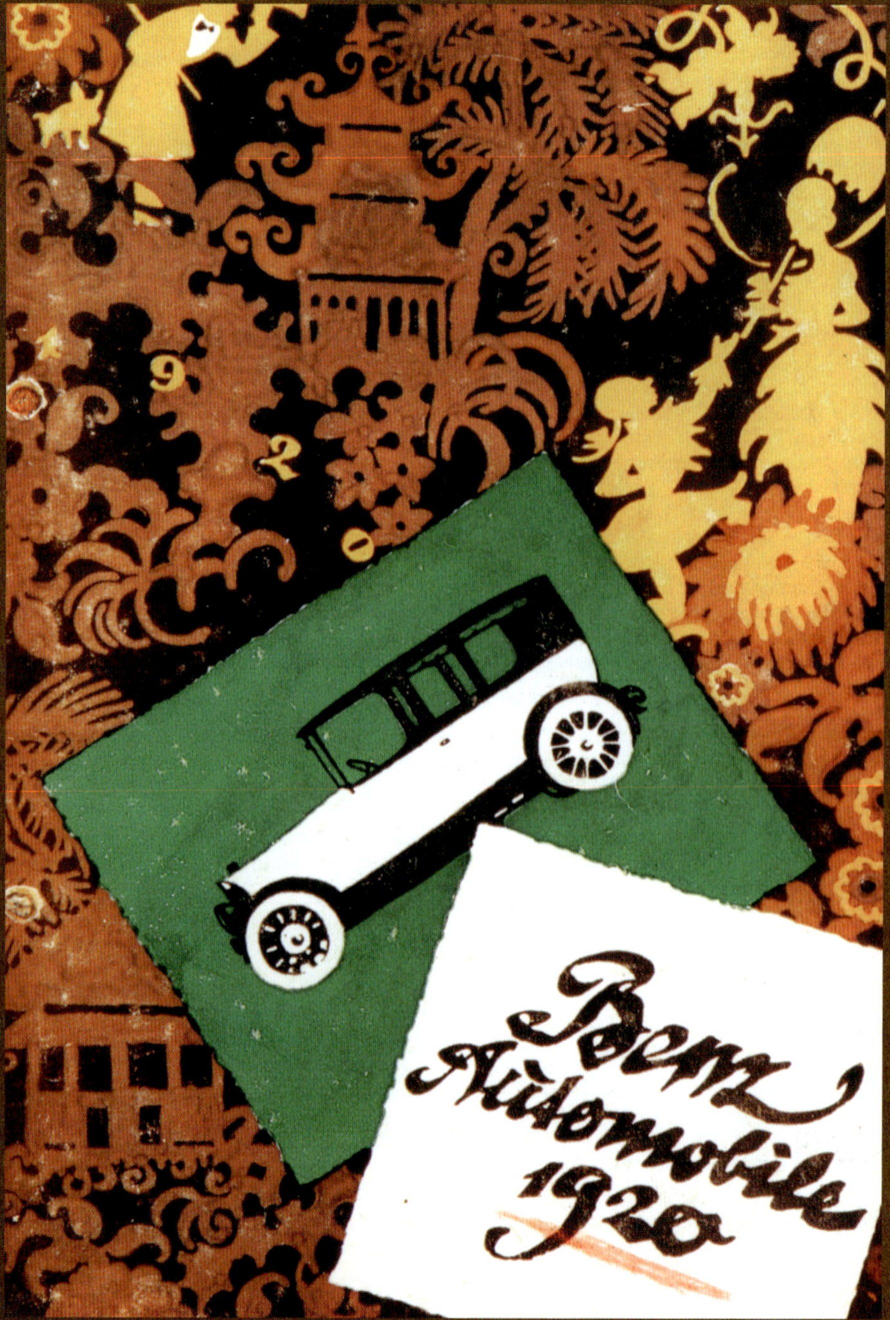
1920
Benz
Automobile
1920

BENZ-
Automobile

Die Marke BENZ hat an Attraktivität nicht verloren. Dennoch ist der Absatz rückläufig und die Typenvielfalt muss 1922 massiv eingegrenzt werden. Ohne das profitable Gaggenauer Werk wäre BENZ in echten Schwierigkeiten. Die Modelle sind relativ teuer und großvolumige Motoren werden durch hohe Besteuerung zunehmend unattraktiv.

1923 kommen ein flotter Sportwagen und ein kleiner 6-Zylinder auf den Markt, aber technisch ist dabei wenig Neues zu vermelden. Dabei arbeiten die BENZ-Konstrukteure an bahnbrechenden Innovationen wie Dieselmotor oder Heckantrieb. Aber nichts davon kann in absehbarer Zeit für Personenwagen verwendet werden.

Inflation und Wirtschaftskrise sind weitere Gründe für das Absacken der Verkaufszahlen. Und dann gerät das taumelnde Traditionsunternehmen auch noch in die Abhängigkeit von Jakob Schapiro.

BENZ-GAGGENAU „5K3"-Fünftonner mit „OB2"-Motor.

Wieder mal BENZ, wieder mal Mannheim. Der weltweit erste Dieselmotor, der ein Fahrzeug bewegt, kommt aus Mannheim. Sein Entwickler ist Prosper l´Orange, der „Urvater des Kompaktdiesels". Nach dem Wechsel von Orange zu MWM darf BENZ die Patente weiter für kleine Fahrzeugmotoren nutzen. Oberingenieur Kurt Eltze bringt den Diesel-„Oelmotor-Benz(OB)" schließlich zur Serienreife. 1922 handelt es sich noch um einen Motorpflugantrieb für das Tochterunternehmen BENZ-SENDLING-MOTOR-PFLÜGE GmbH, aber schon ein Jahr später fahren Lastwagen mit den bahnbrechenden Vorkammer-Dieselmotoren.

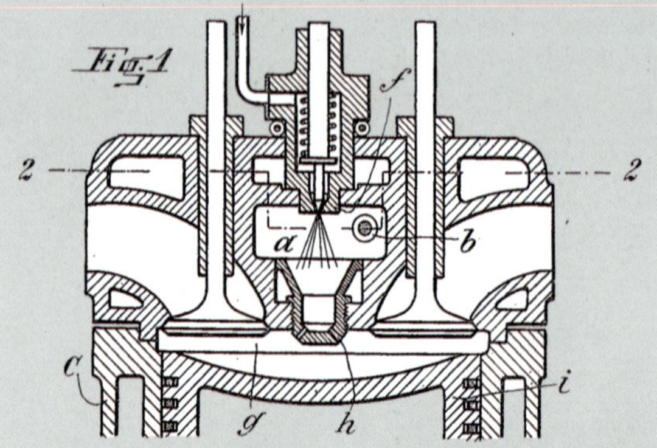

Auszug aus der Patentschrift von Eltze

Rekonstruiertes BENZ-SENDLING Emblem neben einem BENZ-GAGGENAU Original

Der Ein-Mann-Auto-Konzern

Der gebürtige Ukrainer Jakob Schapiro liebt Autos über alles und will Ingenieur werden. Doch er bricht sein Maschinenbau-Studium ab und wird stattdessen zum begnadeten Autoverkäufer. Mit 31 Jahren kommt er nach Berlin, dem wichtigsten Automobil-Markt in Deutschland. Er gründet eine Fahrschule, aus der bald ein Autohaus mit Werkstatt wird. Die Geschäfte laufen sehr gut und 1919 gelingt ihm ein großartiger Coup: Er übernimmt die schwächelnde CAROSSERIEWERKE SCHEBERA, die u. a. Wagen von BENZ und DAIMLER karossiert. Der Schritt kommt genau zur rechten Zeit. In Deutschland bricht nämlich ein regelrechter Autoboom aus und Schapiro sorgt dafür, dass SCHEBERA seinen Anteil daran hat. Er wird zeitweise zum größten Autohändler Deutschlands. Im Frühjahr 1921 bestellt er die unglaubliche Zahl von 200 Fahrgestellen bei BENZ, das entspricht etwa zehn Prozent der Jahresproduktion. Fast zeitgleich erwirbt er die finanziell angeschlagene HEILBRONNER FAHRZEUGFABRIK und benennt sie um in SÜDDEUTSCHE KAROSSERIEWERKE SCHEBERA AG. Die bestellten BENZ-Chassis werden natürlich bei SCHEBERA karossiert. Seine AUTOMOBILHAUS SCHAPIRO AG verspricht in einer Werbung „über 100 complette Wagen, stets lagernd". Schapiro krempelt den Automobilmarkt um, indem er BENZ und alle anderen Automobilhersteller als reine Fahrgestell-Zulieferer nutzt, die er im Preis drückt. Der Vertrag mit BENZ basiert zudem auf Wechseln, die erst Wochen später bezahlt werden müssen. Ein großer Fehler von BENZ, denn die hohe Inflation führt dazu, dass damit die Fahrgestelle weit unter Wert verkauft werden. Ein großer Verlust für BENZ, ein riesiger Gewinn für Schapiro.

Schapiro geht noch weiter. Taxiunternehmen, seine größten Kunden, können bei ihm auch mit Firmenanteilen bezahlen. Dadurch kommen sie unter Schapiros Kontrolle und ordern wiederum Fahrzeuge bei SCHEBERA oder lassen ihre Fahrzeuge dort warten.

Links unten: Schapiro als Automobilist 1913

Links: Jeanne Schapiro und Tochter Gabrielle werden 1923 in ihrem BENZ 6/25-Familienwagen chauffiert.

Oben: Eröffnung des Autopalastes 1924 in Berlin, Unter den Linden 70. Vorne in der Mitte Jeanne und Jakob Schapiro mit Tochter Gabrielle
Rechts: Deutsche Automobilausstellung 1925. Für den BENZ-Stand ist die Bezeichnung der neuen Interessensgemeinschaft völlig klar: BENZ-DAIMLER.

Auch Automobilfirmen sind vor ihm nicht sicher. Im November 1922 weist der Mannheimer Generalanzeiger auf einen Kursanstieg der BENZ-Aktien hin, der durch Aufkäufe der SCHEBERA AG verursacht sei. Schapiro greift nach den Sternen und kontrolliert plötzlich über ein Drittel des BENZ-Aktienkapitals. Mit dieser Sperrminorität ausgestattet, macht er einen Monat später bei der BENZ-Hauptversammlung seine Bedingungen klar. Fast ein Drittel der BENZ-Jahresproduktion soll mit SCHEBERA-Karosserien ausgestattet werden. Zudem möchte er einen Posten im Aufsichtsrat und die Generalvertretung in Berlin, die Überlassung der Berliner Filiale „Unter den Linden 57, 58" sowie der Werkstätten „Am Salzufer 2-3" in Charlottenburg. Die völlig überraschten Aufsichtsräte müssen seinen Forderungen zähneknirschend zustimmen. Schapiros Erfolg scheint keine Grenzen zu haben. Mit Unterstützung der Dresdner- und Commerzbank entsteht ein regelrechtes Firmenimperium. Er hat z.B. die Aktienmehrheit an NSU, DIXI, ZYKLON, HANSA, NAG und hält 42 Prozent an DAIMLER. Ohne es zu ahnen, kommt er dadurch einem weitaus mächtigeren Mann in die Quere. Emil Georg von Stauß, Vorsitzender der Deutschen Bank und Aufsichtsrat bei DAIMLER. Stauß hat nämlich die Vision der „I.G.-Auto", eine Interessensgemeinschaft der größten Unternehmen rund um die Motorisierung, natürlich unter Kontrolle der Deutschen Bank. Bei BMW und DAIMLER hat die Bank bereits großen Einfluss. Ein Zusammenschluss von DAIMLER mit BENZ ist schon seit Jahren angedacht. Aber jetzt bringt Schapiro alles durcheinander. Stauß kommt in Zugzwang um Schapiros Einfluss einzugrenzen und forciert die Fusions-Verhandlungen. Aber insbesondere der DAIMLER-Aufsichtsratsvorsitzende Alfred von Kaulla ist strikter Gegner der Fusionsidee. Er stirbt im Januar 1924. Zeitgleich fluten weitaus günstigere US-Fahrzeuge den Markt und führen zu einem existenzbedrohenden Umsatzeinbruch bei beiden Firmen. Die Zeit ist günstig und Stauß kann letzte Widerstände brechen. Er sondiert sogar den Zusammenschluss mit BMW, doch Generaldirektor Franz Josef Popp wehrt sich, schließlich baut BMW noch keine Autos. Im Mai ist es dann soweit: DAIMLER und BENZ vereinbaren eine „Interessensgemeinschaft“ und Schapiro wird quasi einer der Väter von MERCEDES-BENZ. Etwas unfreiwillig, zugegeben. Zu einer weiteren ungeplanten Vaterschaft kommt es auch bei BMW. Zu Schapiros Imperium gehört nämlich die FAHRZEUGFABRIK EISENACH, die den „Austin Seven“ lizenziert hat und als „DIXI“ in Serie herstellt. Die Firma hat alle Voraussetzungen für einen großen Erfolg, ist aber durch hohe Investitionen derart überschuldet, dass Schapiro sich davon trennen muss. Die Deutsche Bank verschafft den finanziellen Rahmen für eine Übernahme durch BMW. So wird BMW mit einem Schlag zum gut positionierten Automobilhersteller. Über einen „Freundschaftsvertrag“ lässt BMW den DIXI später auch bei MERCEDES-BENZ produzieren.

Stauß

1923

1926

1924

1924: Friedrich „Fritz" Nallinger, Sohn des gleichnamigen BENZ-Geschäftsführers, kommt als frischgebackener Ingenieur zum Mannheimer Konstruktionsbüro. Er avanciert zum Werksfahrer: hier mit einem 16/50 im Werk Mannheim nach der siegreichen Schweizer Alpenfahrt.

1923: BENZ-Entwicklungs-Chef Nibel am Steuer eines 16/50 beim Baden-Badener Automobil-Turnier - mitten in der Hyperinflation.

1926: Präsident Hindenburg in einem 27/70 BENZ

1924: Adolf Hitler posiert nach der Entlassung aus dem Gefängnis neben einem BENZ. Kein Zufall, denn die Münchner BENZ-Niederlassung des Österreichers Jakob Werlin pflegt beste Kontakte zur Nazi-Führung. Hitler hatte dort zwei BENZ gekauft, die jedoch beschlagnahmt wurden. Er ist erneut an einem BENZ interessiert und bittet Werlin aus der Haft heraus „nach der Rückantwort aus Mannheim gefälligst mitteilen zu wollen, zu welchem Preis ich den 11/40 bzw. den 16/15 haben könnte." Zur Bezahlung stellt er Einnahmen aus einem Werk in Aussicht, gemeint ist das Buch „Mein Kampf". Dass Hitler auf der Beifahrerseite einsteigt, hat seinen Grund: er besitzt keinen „Führer"-Schein.

Die I.G. Mercedes-Benz

Mit der Interessensgemeinschaft hat Stauß endgültig die Kontrolle über BENZ und DAIMLER gewonnen, eine Art „Industriefiliale" der Deutschen Bank ist entstanden. Wilhelm Kissel, Einkaufsdirektor von BENZ, bekommt den Auftrag zur Reorganisation. Gewinner der Interessensgemeinschaft sind die BENZWERKE GAGGENAU, die als Hauptwerk für Nutzfahrzeuge bestätigt werden.

Für die stolze BENZ-Automobilproduktion in Mannheim hätte es jedoch nicht schlimmer kommen können. Die Hauptverwaltung und die Konstruktionsabteilung wird in Stuttgart-Untertürkheim angesiedelt. Der Karosseriebau wird in Sindelfingen zusammengefasst. Über ein Drittel der hauseigenen Verkaufsstellen wird aufgelöst. Der I.G.-Ausschuss unter Stauß beschließt 1925, dass in Mannheim nur noch 2-Liter-Personenwagen gefertigt werden sollen. Überaschenderweise belässt es Stauß bei den kostenintensiven Überkapazitäten in Mannheim. Offenbar wettet auch er auf baldige Rüstungsaufträge. Schapiro fordert einen radikalen Kurswechsel hin zur Serienproduktion. Strauß sieht jedoch keinen akuten Bedarf. Er plant einen mittelfristigen Anschluss des Serienfertigers OPEL AG, was gründlich daneben geht. Auch nach der Fusion durchlebt die DAIMLER-BENZ AG also schwierige Zeiten. Im Werk Mannheim wird nur noch ein geringer Teil der MERCEDES-BENZ-Modelle gefertigt. Mit dem „Nürburg 500N" wird 1939 die Personenwagen-Produktion in Mannheim endgültig eingestellt.

Der Daimler-Benz AG Vorstand Ende der Dreißiger

1926 endet die Eigenständigkeit von BENZ : „Der letzte G.R. (10/30) vom Hause BENZ"

BEHRMANN
CARROSSERIE WERKE SCHEBERA A.-G.
BERLIN-TEMPELHOF
HEILBRONN a/N.
LIEFERT IN 4 BIS 6 WOCHEN
LUXUSWAGEN u.s.w.

MERCEDES-BENZ

MERCEDES

BENZ
DAIMLER MOTOREN GESELLSCHAFT
WERK UNTERTÜRKHEIM
WERK MARIENFELDE
WERK SINDELFINGEN
BENZ & CIE
RHEINISCHE AUTOMOBIL- U.
MOTORENFABRIK A.G. MANNHEIM
BENZWERKE GAGGENAU
GAGGENAU / BADEN

DIXI
FAHRZEUGFABRIK
EISENACH

BAYERISCHE MOTOREN WERKE A.-G.
MÜNCHEN
Flugmotoren * Motorräder * Bootsmotoren

BENZ RH

Ein Tropfen schlägt Wellen

Porträt Franz Hörner

Ein Wochenende in Berlin

Nach dem Krieg hat BENZ andere Probleme, als Rennen zu fahren. Aber dann lockt das Eröffnungsrennen der Berliner AVUS im Begleitprogramm zur Automobilmesse 1921. Eine großartige Werbeveranstaltung, die sich BENZ nicht entgehen lassen möchte. Es ist gar nicht so lange her, dass die Versuchsabteilung starke Flugzeugmotoren hervorgebracht hat, aber Rennwagen? Nibels Vorkriegs-„Blitzen-Benz“ dient als Vorlage, um sich an das Thema heranzutasten. Auf Basis von Serienfahrzeugen entstehen jeweils zwei Renner für die Kleinwagen- und die 10-PS-Kategorie. Die Piloten sind „Fahrmeister“ Franz Hörner aus Odenheim bei Bruchsal und der Heidelberger Willy Walb, leitender Ingenieur der Versuchsabteilung. Für die Geschwindigkeitsrekordfahrten ist der Mannheimer Reinhold Stahl mit dabei.

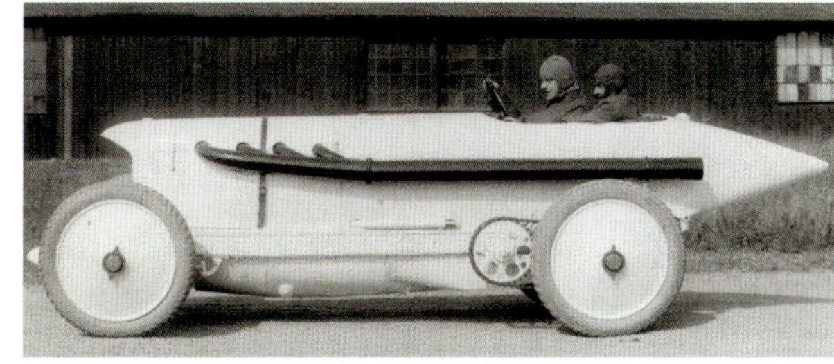

Der Blitzen-Benz mit seiner charakteristischen Nase als Inspiration für den 10/30 BENZ darunter.
Unten: Die AVUS-Renner vor dem Käfertaler Wald: links zwei 6/18, rechts daneben die 10/30, zum Teil noch unlackiert.

Im September ist es dann soweit: 200.000 Zuschauer strömen zur AVUS und verbreiten Volksfeststimmung. Über das Wochenende verteilt gibt es mehrere Rennen in unterschiedlichen Kategorien. Gleich beim ersten Rennen holt sich die neue Mannheimer Marke HEIM den dritten Platz. BENZ ist erst beim Kleinwagenrennen dran. Hier starten die beiden 6/18 BENZ gegen zwei WANDERER. Insgesamt also nur 4 Wettbewerber und alle fallen mit technischen Problemen aus. Das Rennen muss mangels Teilnehmer abgebrochen werden. Peinlich. Zwei Stunden später folgt die Revanche mit den 10/30 BENZ in einem etwas größeren Starterfeld. Walb muss erneut aufgeben, aber Hörner siegt mit vier Minuten Vorsprung. Ehrenrettung. Für die abschließenden Geschwindigkeitsrekorde soll bewährte Vorkriegstechnologie glänzen. Ein BENZ kommt jedoch mit Getriebebrand zum Stehen. Nur der Blitzen-Benz kann trotz Motorstörungen mit 185 Stundenkilometer wenigstens etwas von der alten Größe zeigen.

Sicher ist allen im Team klar: um international erfolgreich zu werden, braucht es einen echten Innovationsschub. Und der findet sich unweit von der Rennstrecke in einer Messehalle.

Die BENZ-Armada von oben nach unten: 6/18 - Hörner; 6/18 - Walb(2), 10/30 - Hörner(6), 10/30-Walb(3), Blitzen-Benz - Hörner(5) ; Prinz-Heinrich-Wagen - Stahl(3).
Rechts: die „Sport im Bild" verarbeitet den BENZ-Auftritt grafisch für ihre Titelseiten 1922.

Sport im Bild
DAS BLATT DER GUTEN GESELLSCHAFT

Sport im Bild
DAS BLATT DER GUTEN GESELLSCHAFT
Sondernummer: Autorennen
28. JAHRGANG • PREIS 10 MARK • NUMMER 23

Es rumpelt in Mannheim

Dieses Fahrzeug ist der Star auf der Deutschen Automobilausstellung 1921. Edmund Rumpler ist eigentlich bekannt als Flugzeugkonstrukteur, aber da der Flugzeugbau nach dem Krieg verboten ist, überrascht seine Firma die Fachwelt nun mit einem „Tropfen-Auto". Der Wagen in Stromlinienform ist voller Ideen: kleine Flügel als Kotflügel, gewölbte Scheiben, Schwingachsen und ein Motor, der sich hinter den Fahrgästen befindet. BENZ-Konstruktionsleiter Hans Nibel ist derart begeistert, dass er sich für den Erwerb von Lizenzen einsetzt. Nach monatelangen Verhandlungen kommt es zu einem Vorvertrag und ein Tropfenwagen trifft mit sämtlichen Konstruktionszeichnungen in Mannheim ein. Die Erwartungen sind hoch. Eine ganze Modellreihe und ein Rennwagen sind geplant. Nibels hochkarätiges Team macht sich sofort ans Werk. Es entsteht ein Prototyp mit leicht geänderter Karosserie und BENZ-Motor. Aber nach den ersten Testfahrten kommt die Ernüchterung. Das Fahrwerk, insbesondere die Schwingachse macht erhebliche Probleme. Viel Entwicklungsarbeit wird noch nötig sein und erste Zweifel kommen auf, ob es für ein derartiges Konzept überhaupt einen Markt gibt. Die Sorge kommt nicht von ungefähr. Rumpler hat erhebliche Probleme beim Verkauf seiner Wagen. Vielen Kunden sind die Tropfen zu avantgardistisch und es ist bald kein Geheimnis mehr, dass sie ziemlich unzuverlässig sind. Insgesamt produziert RUMPLER nur etwa 100 Stück. Viele von ihnen werden an Berliner Taxiunternehmen verschleudert, die damit aber auch nicht glücklich werden. Der Film-Klassiker „Metropolis" hat Verwendung für die futuristischen Fahrzeuge. Sie werden in einer Szene am Ende des Films zerstört.

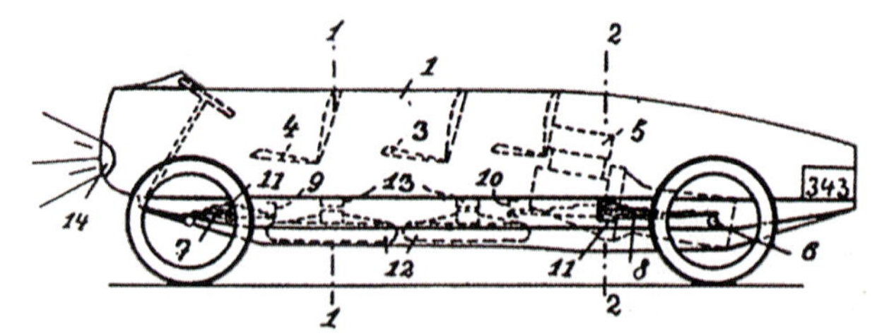

Der BENZ-RUMPLER-Prototyp

Der BENZ-Tropfenwagen mit Willy Walb am Steuer. Charakteristisch ist der Tropfen-Kühler hinter den Piloten. Eine Anordnung, wie man sie von Flugzeugmotoren her kennt.

Unten: Das Fahrgestell an dem die Positionierung des Mittelmotors gut zu erkennen ist. Wie schon vor dem Krieg setzt BENZ auf konsequente Leichtbauweise, daher der durchlöcherte Rahmen. Selbst das Lenkrad ist durchlöchert.

Mission Grand Prix

BENZ sieht von einem Lizenzvertrag mit Rumpler ab. Dennoch soll ein Rennwagen mit Mittelmotor entstehen, also einem Motor, der zwischen Vorder- und Hinterachse angeordnet ist. Technisch ist das für Konstrukteur Max Wagner gar nicht so einfach, ohne dabei die Patentrechte Rumplers zu verletzen. Voller Optimismus meldet sich BENZ zum Eröffnungs-Grand Prix in Monza 1922 an. Es bleiben nur wenige Monate zur Vorbereitung. Die Versuchsabteilung schafft das Unmögliche und stellt tatsächlich einen Wagen bereit. Leider bringt Walb schlechte Nachrichten von seinen Testfahrten: Der Wagen ist noch stark verbesserungswürdig und untauglich für ein Rennen.

BENZ kann in der Rennsaison auch ohne Tropfen punkten, wie beim Schweizer Klausenpass-Rennen oder dem Semmering-Bergrennen in Österreich, zu dem die Blitzen-Benz-„Großmutter" noch einmal bemüht wird. Trotz Unruhen und Inflation wird das Grand Prix-Projekt nicht aufgegeben. Mit einem Jahr Verspätung meldet sich BENZ erneut in Monza an. Dabei ist sicher klar, dass der Tropfen mit seinen 90 PS unterlegen ist. Offenbar fehlen in den Krisenzeiten aber schlicht die Mittel, um einen stärkeren Motor zu konstruieren.

Fahrzeugabnahme

Unten: Die Tropfen in deutschem „Rennweiß" mit den gelosten Startnummern 1 (Minoia), 7 (Hörner) und 13 (Walb), eine Nummer, die ihm kein Glück bringen wird. Er steht neben seinem Wagen im Gespräch mit Hörner. Rechts die Monza-Piloten Walb, Hörner und Minoia.

Monza bedeutet 800 Kilometer Hochgeschwindigkeitsstrecke. Im Mai 1923 sollen die Wagen ihr Können beweisen unter vergleichbaren Bedingungen beim großen Preis von Deutschland auf der AVUS. Doch das Rennen wird abgesagt und so gibt es keine Möglichkeit zu einem echten Belastungstest. Auch das Team ist völlig unerfahren im Grand Prix-Sport, aber es bleibt dabei: Drei Rennwagen machen sich auf den Weg über die Alpen, mit Nummernschild und „D"-Kennzeichen. Als dritter BENZ-Fahrer tritt der erfahrene Ferdinando Minoia an, der in den Vorjahren für MERCEDES startete. Das Training in Monza wird leider von tödlichen Unfällen überschattet. Erst überschlägt sich der Vorjahres-Sieger Bordino mit seinem FIAT. Dabei kommt sein Beifahrer Giaccone ums Leben, während Bordino mit einer Verletzung am linken Handgelenk davonkommt. Ein Tag vor dem Rennen verunglückt der bekannte ALFA ROMEO Pilot Ugo Sivocci tödlich. Sein Beifahrer wird schwer verletzt. ALFA ROMEO entscheidet daraufhin, nicht teilzunehmen.

Zum Rennen kommen tausende Zuschauer und drängen sich um den 10 Kilometer langen Kurs im königlichen Park von Monza. Darunter auch Eduard Rumpler, der sicher miterleben will, was aus seiner Idee geworden ist. Der Tropfen bekommt vom italienischen Publikum den Spitznamen „Mammina", wohl wegen der mütterlichen Rundungen. Unter frenetischem Applaus schwenkt der faschistische Ministerpräsident Mussolini die Startflagge. Rennbegeisterung wird also schon 1923 für politische Zwecke missbraucht. „Via". Wie erwartet, setzen sich die FIAT und MILLER ab. Alles spricht für einen Dreifachsieg von FIAT mit seinem überlegenen Kompressor-Motoren. Bereits nach der elften Runde kommt eine Schrecksekunde für das BENZ-Team. Walbs Wagen fällt mit einem Kolbenbruch aus und bleibt vor den Tribünen stehen. Halten die neuen Wagen doch nicht durch? Minoia und Hörner fahren unbeirrt weiter mit konstanten Rundenzeiten. Sie sehen im weiteren Rennverlauf *„die gesamte französische Konkurrenz hinter sich zusammenbrechen."* Diese zeitgenössische Formulierung hat schon etwas Politisches, schließlich sind die deutsch-französischen Beziehungen nicht gerade die Besten während der französischen Besetzung des Ruhrgebiets.

Der führende Bordino leidet stark unter den Handgelenks-Verletzungen, die er sich beim Testunfall zugezogen hatte. Er fährt die ganze Zeit einhändig, den linken Arm in einer Schlinge, während sein Beifahrer schaltet. Schließlich muss er erschöpft aufgeben und somit sind nur noch zwei FIAT und ein MILLER an der Spitze.

Minoia und Hörner können ihre Geschwindigkeit halten und kommen auf den vierten und fünften Platz. Sie werden vor der Zieleinfahrt abgewunken, da die begeisterten Zuschauer nach dem FIAT-Sieg die Piste gestürmt haben.

Für BENZ ist die Sensation perfekt: der Tropfenwagen hat die Möglichkeiten des neuartigen Mittelmotor-Konzepts bewiesen. Man darf das ruhig als Meilenstein der Renngeschichte bezeichnen, denn das Prinzip wird bis heute in jedem Formel-1 Wagen angewendet. Neben dem guten Fahrverhalten und geringen Reifenverschleiß ist der Tropfen trotz schwachem Motor sehr schnell auf den Geraden durch seine extreme Stromlinienform.

Die Presse ist überrascht und nur wenige Wochen später ist der „RH-“Rennwagen Publikumsmagnet auf dem BENZ-Stand bei der Deutschen Automobilausstellung. BENZ ist zurück im Grand Prix-Sport und hat gute Aussichten, in der nächsten Saison mit einem stärkeren Motor um den Sieg zu fahren. Aber dazu kommt es nicht mehr.

Wermutstropfen und Ren(n)aissance

Durch die Interessensgemeinschaft von BENZ und DAIMLER bestimmt neuerdings ein neuer Chefkonstrukteur über Renneinsätze. Und das ist kein anderer als Ferdinand Porsche, der gerade dabei ist, seinen eigenen Formel-Wagen für Monza zu entwickeln. Ausgerechnet Porsche, der später großen Erfolg mit dem Mittelmotor-Konzept haben wird, beendet die Grand-Prix-Karriere des BENZ-Tropfenwagens. Stattdessen startet 1924 ein unausgereifter MERCEDES in Monza. Der „Benztropfen“ darf noch bei lokalen Rennen teilnehmen, ohne Steigerung der Motorleistung. Mitte 1924 werden die Rennwagen umgebaut und es entsteht eine Version mit Frontkühler und eine etwas unförmige Version mit Kotflügeln und Scheinwerfern. Trotz Inte-

ressengemeinschaft starten die Firmen immer noch als Wettbewerber. Im direkten Vergleich gegen den weitaus stärkeren MERCEDES Kompressor-Wagen ist der BENZ unterlegen, aber in der Sportwagenklasse dominiert der Tropfen alle Sprint- und Bergrennen. Bei den „Schwarzwaldtagen“ 1925 kommt es zum Duell der Versuchsabteilungsleiter: Walb mit seinem Tropfen und Alfred Neubauer auf MERCEDES. Walb kann den kurzen Sprint für sich entscheiden. Anfang 1926 hat der Ludwigshafener Georg Kimpel ein kurzes Gastspiel mit dem Tropfen beim Bergrennen in Garmisch Patenkirchen. Der BASF-Feuerwehr-Hauptmann wird später als Privatfahrer auf BUGATTI und MERCEDES-BENZ bekannt. Wahrscheinlich wird er von seinem Arbeitgeber gesponsort, um den neu entwickelten synthetischen Kraftstoff „MOTALIN“ zu testen

Rosenberger auf Benz-Tropfenrennwagen, Sieger aller Klassen in neuer Rekordzeit.

Hörners Tropfen in voller Aktion beim Solitude-Bergrennen 1924

Rosenberger auf Benztropfen, Sieger der 8 St/PS-Sportwagenklasse mit der besten Rundenzeit aller Touren- und Sportwagen von 91 km Durchschnitt.

Rosenberger auf Benz-Tropfen mit Original-Hartfordstoßdämpfer.

Oben: das MERCEDES-BENZ-Team beim GP von Deutschland 1928.

Auch der MERCEDES-Pilot Adolf Rosenberger fährt mit dem Tropfen einige Siege ein. Er ist begeistert vom Fahrverhalten und schwärmt von der Konstruktion als Vorlage für einen „ultimativen Rennwagen". Die Mercedes-Benz-Fusion 1926 bedeutet dennoch das Ende für den Tropfenwagen. Walb wird Werksfahrer und schließlich Assistent von Rennleiter Neubauer.

Die Geschichte ist damit aber noch nicht zu Ende. Als sich Porsche selbständig macht, wird Rosenberger Teilhaber und vermittelt einen Auftrag von WANDERER zur Konstruktion eines Rennwagens. Er kann seinen Kompagnon Porsche überreden, erste Konstruktionsentwürfe zu verwerfen und das Mittelmotorkonzept des Tropfenwagens zu verfolgen. Am Ende dieser Entwicklung wagt sich wieder ein junges Rennteam unter hohem Erwartungsdruck in den Grand Prix-Sport, wieder ist Walb Rennleiter, wieder mit einer innovativen Neukonstruktion

Der Tropfenwagen und sein AUTO-UNION-Nachfolger (unten).

Rennleiter Walb steht hinter dem Piloten Hans Stuck, August Horch 3. von links

Wilhelm Sebastian (links) mit Rudolf Caracciola nach dem Sieg beim großen Preis von Deutschland 1931

Keine Rennfahrer-Größe kommt an den Sebastian-Brüdern vorbei: Ludwig Sebastian (links), Bernd Rosemeyer, Wilhelm Sebastian beim Großen Preis von Deutschland 1935

Ja, es ist ein MERCEDES-BENZ 150. Seiner Zeit um Jahrzehnte voraus.

und wieder wird Rennsportgeschichte geschrieben: die der AUTO-UNION-Silberpfeile. Vorsprung durch Technik eben.

Immer mit dabei ist Walbs Mechaniker Wilhelm Sebastian aus Mannheim-Waldhof. Schon beim BENZ-Tropfen gehört er als Rennmechaniker zur ersten Wahl und ist später u.a. Beifahrer beim legendären Mille-Miglia-Sieg von Rudolf Caracciola. Als Walb zur AUTO-UNION wechselt, wird die neue Zwickauer Rennabteilung fast zum Sebastian-Familienunternehmen: Wilhelm macht Karriere als Assistent des Rennleiters und fährt als Ersatzfahrer bei einigen Silberpfeil-Rennen. Sein Bruder Ludwig wird bekannt als Chefmechaniker von Bernd Rosemeyer. Kaum zu glauben, aber noch heute gibt es eine AUTO-SEBASTIAN-Werkstatt im Waldhofer Speckweg 28-30, vis á vis vom MERCEDES-BENZ-Werk Mannheim.

Aber der BENZ-Tropfen hütet noch ein weiteres Geheimnis: Nach dem Ausscheiden von Porsche bei MERCEDES-BENZ greift Nibel das Thema Mittelmotor wieder auf. 1934 entstehen Wettbewerbswagen, die sich in Langstreckenrennen bewähren und schließlich als Typ 150 in Serie gehen. Die Ähnlichkeit mit einem weitaus bekannteren Doppelgänger ist verblüffend. Der geht einige Jahre später in Serie und „läuft und läuft und läuft"... bis zum letzten ... Tropfen.

Gute Tropfen Jahrgang 1924 & 1925

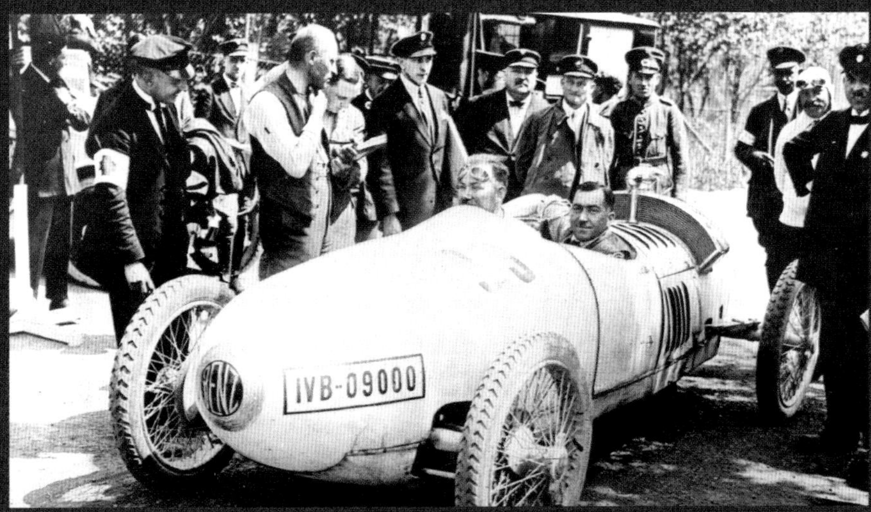

Solitude 24- Hörner

BENZ mobile Rennwerkstatt

Wer seinen Wagen liebt, der schiebt

Walb & Sebastian

Baden-Baden 24- Tigler

Bergrennen-Prototyp

Baden-Baden 24- Tigler

Schwarzwaldtage 25- Walb

Kassel 25- Rosenberger

Opelbahn 25- Tigler

Schwarzwaldtage 25 - Walb

Schwarzwaldtage 25- Walb

RENNOPOLIS

Die Region gibt sich die Ehre.

Der HEIM-8/30-AVUS-Wagen: „Verflucht, meine Haare fliegen weg."

MANNOPOLIS ist im Rennfieber, lange vor dem Hockenheimring. Aufwendige Rundkurse bleiben allerdings die Ausnahme, meist wird in Sprintrennen einzeln gegen die Zeit gefahren. Unterschieden wird dabei in „Flachrennen" und „Bergrennen", alles auf abgesperrten öffentlichen Straßen, die oft nur mäßig befestigt sind.

Der Rennzirkus kommt

Es ist Freitag, der 7. Oktober 1921. Die mehrtägige „Reichsfahrt" quer durch Deutschland endet mit einem Flachrennen von Neudorf nach Wiesental und einem Bergrennen auf den Heidelberger Königstuhl. Eine Großveranstaltung, zu der insgesamt über hundert Motorräder und Automobile gemeldet sind. Für diesen letzten Wettbewerbstag hat der „ADAC Gau VIII Baden und Rheinpfalz" etwas ganz Besonderes vorbereitet. Außer Konkurrenz starten lokale Rennfahrer sowie Rennwagen, die zwei Wochen zuvor auf der AVUS in Berlin um Podiumsplätze gekämpft hatten. Darunter Fritz von Opel, der gefeierte AVUS-Sieger und Franz Heim, der seit wenigen Monaten stolzer Besitzer einer eigenen Automobilfirma in Mannheim-Lindenhof ist. *„Über Bruchsal fahren die Teilnehmer in Staubkolonnen"* nach Graben-Neudorf. Das Spektakel beginnt morgens unweit von Neudorf auf der (damals noch) schnurgeraden Straße nach Wiesental, die für ihre *„vorzügliche Beschaffenheit"* gelobt wird. Die Wagen haben achthundert Meter Anlauf, bevor sie mit fliegendem Start auf die Strecke losgelassen werden. Wie schon auf der AVUS gewinnt Opel auf OPEL vor Heim auf HEIM. Unter den Teilnehmern sind zwei weitere Wagen aus der Region: ein FULMINA und ein UNIONWERKE-BRAVO, der sich in seiner Klasse tapfer schlägt. *„Das Rennen war hier glänzend organisiert und tadellos abgesperrt. Nur ein Holzfuhrwerk überquerte die Bahn und hätte beinahe Unheil angerichtet."* Danach zieht der Rennzirkus weiter zum Hauptereignis: Die Wiederauflage des traditionsreichen Königstuhl-Bergrennens.

Die kerzengerade Strecke zwischen Graben-Neudorf und Wiesenthal.

Ankunft bei Wiesental

Fritz von Opel mit seinem roten OPEL-Flitzer wenige Wochen zuvor auf der AVUS

Gestartet wird am damaligen Bahnübergang zum Klingenteich, hier befindet sich auch die „Zentrale mit Fernsprecher". Gegen 14:30 Uhr ist es mit der Heidelberger Beschaulichkeit vorbei. Über fünfzig Teilnehmer knattern nacheinander die viereinhalb Kilometer auf den Königstuhl. Entlang der Strecke haben sich etliche Schaulustige eingefunden, die sich dieses kostenlose Spektakel nicht entgehen lassen. Wieder fährt Fritz von Opel die beste Zeit mit seinem 25-PS-Renner, gefolgt von Köster auf SELVE und Heim auf HEIM.

„In diesen drei Fällen spürte man, dass keine Rücksicht auf das Material und vor allem nicht auf die Reifen genommen wurde", kommentiert der *„Heidelberger Anzeiger"*. Im Regional-Bergduell kann sich der untermotorisierte BRAVO-Kleinwagen sogar gegen den schweren FULMINA-Tourer des Heidelberger Dr. Kurt Volz durchsetzen. Am Abend hat Heidelberg endlich wieder seine Ruhe und das Rennen klingt aus mit einem Bankett im Heidelberger Hotel Schrieder, dem heutigen Crowne Plaza.

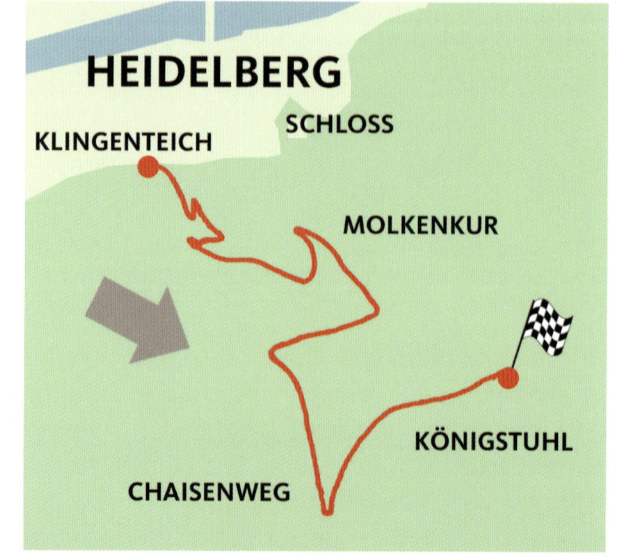

Das 25jährige Jubiläum des Rheinischen Automobil-Clubs in Mannheim

Das RAC Jubiläum

Am 20. Juli 1924 veranstaltet der Rheinische Automobilclub (RAC) zum 25. Jubiläum einen ganz besonderen Rennsonntag.

Fast alle Mannheimer Automarken sind vertreten: HEIM, RHEMAG, BENZ, RABAG-BUGATTI und wahrscheinlich auch FULMINA mit Volz. Die Benz-Söhne sind zumindest Ehrenmitglieder. Richard und Eugen waren schließlich schon 1901 beim Königstuhl-Rennen am Start. Den Vorsitz des RAC hat kein geringerer als Dr. Friedrich Nallinger, Direktor der BENZ & Cie AG. Entsprechend gut ist die Veranstaltung organisiert, die in drei Etappen aufgeteilt ist.

Das Foto zeigt den Sammelplatz in Bad Homburg´ bei der Deutschlandfahrt 1926. Genauso könnte es ausgesehen haben.

1. Die Zuverlässigkeitsfahrt

Start pünktlich 6 Uhr morgens (...) am Ausgang der Mannheimer Augustaanlage. Die Teilnehmer nebst Wagen der Organisatoren, Presse und Ärzte sowie ein Schlusswagen machen sich auf zur 170 km langen Tourenfahrt quer durch den Odenwald. Über Heddesheim, Großsachsen, Waldmichelbach und Beerfelden gehts zum ersten Kontrollpunkt auf dem Krähberg. Es gilt eine vorgeschriebene Soll-Zeit einzuhalten, um Strafpunkte zu vermeiden. Die gesamte Strecke ist von Beamten der Bereitschaftspolizei abgesperrt. *„Die Zuschauer hielten ausgezeichnete Disziplin und vielfach wurden die Fahrer mit freudigen Zurufen begrüßt."* Dann nach Mudau bis Wagenschwend, dem zweiten Kontrollpunkt. Von da am Katzenbuckel vorbei nach Eberbach bis zum Ziel bei Ziegelhausen. Ab 10 Uhr treffen die ersten Wagen ein. Ein großer Spaß für die Beteiligten, von einigen Strafpunkten und platten Reifen mal abgesehen. Und dann geht es weiter nach Heidelberg zum eigentlichen Höhepunkt des Tages, dem Bergrennen auf den Königstuhl.

2. Das Bergrennen

Väter haben der ganzen Familie einen Sonntags-Ausflug zum Rennen verordnet. Das Publikum drängt sich dicht um die Wagen. Über die ganze Strecke verteilen sich Tausende, allein an der Molkenkur und im Knick des Chaisenwegs finden sich mehrere Hundert ein. Und sie werden mit einem grandiosen Spektakel belohnt. Hans Balduf, wahrscheinlich mit einem RABAG-BUGATTI unterwegs, springt nach der letzten Kurve ein Reifen heraus und muss aufgeben. Paul Gräff ereilt das gleiche Schicksal. Er fährt mit einer blanken Felge bis ins Ziel. Die ganze lokale Rennprominenz ist am Start, darunter Rosenberger und Kappler. Besonders verwegene Fahrmanöver werden mit Szenenapplaus bedacht. Aber obwohl das alles sehr riskant aussieht, kommt es glücklicherweise zu keinem Unfall. Mit seinem 27/70 BENZ gewinnt Fritz Nallinger nach der Zuverlässigkeitsfahrt auch das Bergrennen in seiner Klasse. Den spektakulärsten Auftritt aber hat Willy Walb, der mit seinem BENZ-Tropfenwagen den Streckenrekord bricht vor Rosenberger auf einem 10/40 Kompressor-MERCEDES. Im Ziel erwartet sie Ehrengast Dr. Carl Benz am Sammelpunkt beim Kohlhof-Hotel.

3. Die Korsofahrt

16 Uhr fährt der Tross zurück nach Mannheim zu einem ausgedehnten Autokorso quer durch die Stadt bis zum Wasserturm. Die Preisverleihung durch Baurat Nallinger findet am Abend gegenüber im Parkhotel statt. Die Hotelleitung hat *„in gewohnter umsichtiger Weise dafür gesorgt, dass für die festliche Veranstaltung ein entsprechender Rahmen geschaffen wurde. Sportkameradschaftliche Geselligkeit und angeregter Tanz hielt die Teilnehmer noch lange zusammen…Trotz der Ungunst der Zeit hat der Rheinische Automobilclub den Automobilsport in der engeren Heimat auf der Höhe zu halten verstanden. Dass es auch in Zukunft so bleiben wird, bewies der Verlauf der hinter uns liegenden Veranstaltung. Die Begriffe Mannheim und Automobilsport sind wie seither auch hinfort unlöslich miteinander verbunden.“*

Ganz anders Heidelberg: drei Wochen nach dem Rennen beschließt der Heidelberger Stadtrat, dass *„Autorennen im Weichbild der Stadt Heidelberg nicht mehr gestattet werden sollen.“*

Willy Walb mit Beifahrer Wilhelm Sebastian beim Heidelberger Königstuhl-Bergrennen 1924:

„Eng der Ideallinie folgend, schwingt er das Heck in die Kurven, dichte Staubwolken aufwirbelnd, nach außen. Die lauten Anfeuerungsrufe gehen schließlich im Staub und bisweilen heftigen Husten der Zuschauer unter."

Die Badenia Preisfahrt

Der Rheinische Automobilclub (RAC) lässt am Sonntag, den 5. Juli 1925 wieder bitten. Ausgeschrieben ist ein neuer Gold-Wanderpokal, der Badenia-Preis, ausgetragen als Flach- und Bergrennen. Immer noch wird es als „das frühere Königstuhl-Bergrennen" angekündigt, das nach dem Heidelberger Verbot jedoch in Schriesheim stattfindet.

Wie im Vorjahr sammeln sich die Teilnehmer in der Mannheimer Augustaanlage und fahren pünktlich um 6 Uhr morgens los, dieses Mal in Richtung Graben-Neudorf. Die Zeichen der Zeit sind unübersehbar: die Kategorien sind aufgeteilt in „Herren-" und „Privatfahrer", sprich wohlhabende Rennbegeisterte und Werks-Rennfahrer. Und zum ersten Mal ist ein Viertel der Teilnehmer weiblich.

Die kerzengerade *„wohlgepflegte Chaussee"* von Neudorf bis kurz hinter Wiesental dient als Rennstrecke für das Sprintrennen, die von einer *„zahlreichen Menschenmenge beobachtet wird."* Etliche Favoriten fallen mit technischen Problemen aus, darunter Dr. Tigler auf BENZ und die Ludwigshafener OPEL-Rennlegende Karl Jörns.

Geschlossen geht's danach demonstrativ durch Heidelberg zum Frühstück beim Ziegelhausener Hotel Stiftsmühle. Dort werden sie schon vom „Familientreffen" der HEIM-Fahrer erwartet. Im Wettbewerb selbst sind zwei HEIM-Wagen beteiligt.

Frisch gestärkt bricht der Tross auf zum Bergrennen, das im Ludwigstal hinter Schriesheim in Höhe Seitz-Mühle beginnt. Die Strecke hat sich in den vergangen Jahren bei Motorradrennen bewährt und führt 7,5 Kilometer zum „langen Kirschbaum".

Es gibt eine tückische Haarnadelkurve unterhalb des Schriesheimer Hofes, die auch Fritz Nallinger zum Verhängnis wird. Mit der MERCEDES-BENZ Interessens-Gemeinschaft ist er auf einen schicken rot-gelben MERCEDES 22/100 gewechselt, mit dem er aus der Kurve fliegt und 2 Bäume kappt. Hans Birk fährt mit seinem RABAG-BUGATTI trotz unterlegener Motorleistung die drittbeste Zeit ein. Wieder ist der BENZ-Tropfenwagen von Willy Walb unschlagbar, sowohl im Flach- als auch im Bergrennen.

Auf der abschließenden Feier im Mannheim Parkhotel überreicht der RACVorsitzende Friedrich Nallinger unter tosendem Beifall den Badenia-Pokal nicht an einen Herrenfahrer, sondern an eine Dame: Ernes Merck.

Dr. Tigler auf 16/50 BENZ an der verhängnisvollen Kurve am Schriesheimer Hof. Ernes Merck nimmt sie auf ALFA-ROMEO im zweiten Gang mit Vollgas.

Wanderpreis der Stadt Speyer

Der Automobil und Motorradclub Speyer hat am 10. Mai 1925 Großes vor. Ein Dreiecksrennen für Wagen und Motorräder in allen möglichen Klassen. Wie bei großen Rennen findet schon am Samstag-Nachmittag eine Fahrzeugabnahme statt mit freiem Training auf der Strecke. In der Pfalz wird bereits vor dem Rennen mit Vertretern der pfälzischen Kreisregierung beim Begrüßungsabend im Wittelsbacher Hof gefeiert.

Am Sonntag geht es dann früh los. Die Dreieckstrecke verläuft etwa 15 Kilometer vom Steinhäuser Hof bei Speyer nach Rehhütte, Schifferstadt und *„durch prächtige Waldungen"* zurück.

HEIM-Sieg: die Mannheimer Firma HEIM feiert den Dreifachsieg in ihrer Klasse mit einer Parade auf dem Speyrer Königsplatz.

Tausende haben sich um die Strecke versammelt und bekommen einiges geboten. Das Motorradrennen mit etwa 70 Teilnehmern geht über drei Runden, ein echtes Spektakel.

Die Automobile starten zum Flachrennen auf einem fünf Kilometer langen Teilabschnitt. Karl Jörns erzielt mit einem OPEL-Rennwagen die beste Zeit. Hans von Opel gewinnt den Wanderpreis für Tourenwagen, dicht gefolgt von Oskar Eberle auf HEIM und dem RABAG-BUGATTI von Hans Birk. Sie sind allesamt schneller als die beteiligten BUGATTI- und Kompressor-MERCEDES.

Und dann ist es auch schon vorbei. Um 11 Uhr vormittags findet die Preisverleihung im Wittelsbacher Hof statt. Es ist aber unwahrscheinlich, dass die Pfälzer es dabei belassen haben.

Das Käfertaler Dreiecksrennen

Mehrere Jahre hat es stattgefunden. „Schade, dass es keine Dreiecksrennen im Käfertaler Wald mehr gibt", so die Mannheimer Motorradlegende Franz Islinger. Ein echtes Motorradrennen, bei dem mehrere Teilnehmer je Klasse auf einem Rundkurs wetteifern. Die Strecke lässt sich heute noch abfahren, zwar nicht im Renntempo, aber mit etwas Phantasie hört man noch die Zweiräder vorbeibrausen. Start ist auf der Wormser Straße in Höhe Äußere Wingertstraße. Ganz Käfertal hat sich dort die besten Plätze gesichert, um das Spektakel hautnah miterleben zu können, notfalls auch auf den Dächern. Die Strecke würde heute mitten durch den Supermarkt und die Feuerwache in Richtung Waldstraße führen. Mit dem Fahrrad lässt sich zumindest ein Teil der alten Strecke nachempfinden. Dann die Waldstraße entlang, damals Vollgas-Strecke, vorbei an Wald und Äckern, bis die ersten Häuser auftauchen, scharfe Linkskurve in die Alte Frankfurter Straße mit holprigem Kopfsteinpflasterbelag. Hier bekommt man einen guten Eindruck, wie eng das alles zuging, auch die Landstraßen waren nicht wesentlich breiter. An den Häusern vorbei und wieder Linkskurve. In den Speckweg, der damals kerzengerade zwischen Feldern wieder zum Start/ Ziel führt. Je nach Klasse werden vier bis acht Runden auf der fünf Kilometer langen Strecke gefahren. Den Siegern winken „wertvolle Preise" und wer sich einen ÖKONOM-Brennstoffvernebler montiert hat, darf auf einen Sonderpreis hoffen.

Der „Mannheimer Generalanzeiger" schreibt am 21 Juli 1924 von einem vollen Erfolg mit unerwartet großen Zuspruch beim Publikum, bestens organisiert mit einer tadellos funktionierenden polizeilichen Absperrung der Strecke. *„Nachmittags versammelten sich die Teilnehmer in der Arche Noah (ehemalige Gaststätte in F5) zu einem gemütlichen Beisammensein und Preisverleihung."*

Das Bild stammt eigentlich vom Schwarzwaldrennen 1924, aber so könnte es ausgesehen haben.
Gesicherte Renntermine: 01.10.1922, 23.09.1923, 20.07.1924, 30.08.1925, 04.10.1925, 03.10.1926

START
1926

ADAC-Motorwelt

Jahrgang 1926 Januar Heft 1

Illustr. Monatsschrift zum „ADAC-Sport" dem offiziellen Organ des Allgemeinen Deutschen Automobil-Clubs e.V.

Continental
Pneumatik

ANNEX

Was ich noch zu sagen hätte

DIE DEUTSCHEN WAGEN 1922

Adlerwerke vorm. Heinr. Kleyer A.-G., Frankfurt a. M. Typ 6/18 PS, 4 Zyl., 6/18 PS, Thermosyphonkühlung, Eisemann-Magnet, Bosch-Beleuchtung, -Anlasser, Metallkonuskupplung, 3 Gänge, Kardan-Kegelradantrieb, 1 Getriebe-, 1 Hinterradbremse, Betriebsgewicht 780 kg. Ferner: Typ 9/24 PS, 12/34 PS, 18/60 PS, 4 Zyl.

Jetztiger Fabrikant: **Elitewagen A.-G., Ronneburg und Berlin.** Typ „Bef", elektrisches Kleinauto. 2½ PS, elektr. Beleuchtung, 3 Gänge, 2 Bremsen, Betriebsgew. 1100 kg.

Akt.-Ges. f. Automobilbau (A. G. A.) Berlin-Lichtenberg. Typ Aga, 6/20 PS, 4 Zyl., Thermosyphonkühlung, Bosch-Magnet, -Beleuchtung und -Anlasser, Konuskupplung, 3 Gänge, Kardan-Spiralradantrieb, 1 Getriebe-, 1 Hinterradbremse. Betriebsgewicht 875 kg.

Akt.-Ges. für Akkumulatoren- u. Automobilbau, Berlin N 65. Typ Alfi 4/14 PS, Kleinauto m. Benzinmot., 4 Zyl., Wasserkühlung, Bosch-Magnet, Beleuchtung u. Anlasser eigenes Fabrikat, Konuskupplung, 3 Gänge, Kardan-Antrieb, 1 Getriebe-, 1 Hinterradbremse, Betriebsgewicht ca. 550 kg.

Apollo-Werke A.-G., Apolda (Thür.). Typ 4/14 PS, 4 Zyl., Thermosyphonk., Eisemann-Magnet, Bosch-Bel., Metallkonuskuppl., 3 Gänge, Kardan-Kegelradantr., 1 Getriebe-, 1 Hinterradbr., Betriebsgew. 500 kg. Weit. Typ. 10/30 PS 4 Zyl. u 12/45 PS 8 Zyl.; letzterer m. Fenag-Beleucht. u. -Anlasser.

Audiwerke A.-G. Zwickau i. Sa. Typ K, 14/50 PS, 4 Zyl., Thermosyphonkühlung, Bosch-Magnet, -Beleuchtung und -Anlasser, Konuskupplung, 4 Gänge, Kardan-Spiralradantrieb, 1 Getriebe-, 1 Hinterradbremse, Fahrgestellgewicht ca. 1200 kg.

Otto Beckmann & Cie., Breslau 8. Typ 8/24 PS, 4 Zyl., Thermosyphonkühlung, Bosch-Magnet, -Beleuchtung und -Anlasser, Konuskupplung, 4 Gänge, Kardan-Kegelradantrieb, 1 Getriebe- u. 1 Hinterradbremse, Betriebsgewicht 1000 kg. Ferner: Typ 10/30 PS.

Benz & Cie. A.-G., Mannheim. Typ 8/20 PS, 4 Zyl., Thermosyphonkühlung, Eisemann-Magnet, Bosch-Beleuchtung und -Anlasser, Konuskupplung, 4 Gänge, Kardan-Kegelradantrieb, 1 Getriebe-, 1 Hinterradbr., Betriebsgew. 1300 kg. Ferner: Typ 10/30 PS, 4 Zyl., 14/30 PS, 4 Zyl., 16/50 PS und 27/70 PS, 6 Zyl.

C. Benz Söhne, Automobilfabrik, Ladenburg (Bad.). Typ 8/20 PS, 4 Zyl., Thermosyphonkühlung, Bosch-Magnet, Beleuchtung beliebig, Konuskupplung, 4 Gänge, Kardan-Kegelradantrieb, 1 Getriebe- u. 1 Hinterradbremse, Fahrgestellgewicht 760 kg. Ferner: Typ 14/42 PS, 4 Zyl.

Bob-Automobil-Ges. m. b. H., Berlin SW 29. Typ Bob-Kleinauto, 4/10 PS, 4 Zyl., Thermosyphonkühlung, Esha-Magnet, Eisemann-Beleuchtung u. -Anlasser, Konuskupplg., 3 Gänge, Kardan-Antrieb, 1 Getriebe-, 1 Hinterradbremse, Betriebsgewicht 450 kg.

Cyklon Maschinenfabrik m. b H., Berlin O 112. Typ Viersitzer-Cyklonette, 5/10 PS 2 Zyl. Dreiradwagen. Kühlung: eig. Patent ohne Ventilator, Boschzündg., Kettenübertrag., Acetylenbeleuchtg., Konuskupplg., 2 gäng. Planetengetr., 2 Hinterradbremsen. Betriebsgewicht 535 kg Weiterer Typ: 5/10 PS Transport-Cyklonette.

Gebr. Reichstein, Brennabor-Werke, Brandenburg a. H. Typ P IV, 8/24 PS, 4 Zyl. Thermosyphonkühlung, Magnetzünd., Bosch-Beleucht. u. -Anlasser, Konuskuppl., 4 Gänge, Kardan-Kegelradantr., 1 Getriebe-, 1 Hinterradbr., Betriebsgew. ca. 1250 kg. Ferner: Typ S 6/20 PS.

Dinos-Automobil-Werke A.-G., Berlin. Typ 8/35 PS, 4 Zyl., Pumpenkühlung, Tria-Zündung, -Beleuchtung u. -Anlasser, Konuskupplung, 4 Gänge, Kardan-Kegelradantrieb, 1 Getriebe-, 1 Hinterradbremse, Betriebsgewicht 950 kg.

Fahrzeugfabrik Eisenach, Eisenach. Typ 6/18 PS Dixi-Personenwagen, 4 Zyl., Thermosyphonkühlung, Bosch-Magnet, -Beleuchtung u. -Anlasser, Konuskupplung, 4 Gänge, Kardan-Kegelradantrieb, 1 Getriebe-, 1 Hinterradbremse, Betriebsgew. 800 kg. Weitere Dixi-Typ.: 8/24, 13/39, 20/55 PS.

Dürkoppwerke A.-G., Bielefeld. Typ P 10, 10/30 PS, 4 Zyl., Thermosyphonk., Magnetzünd., Beleucht. usw. n. Wunsch, Konuskuppl., 4 Gänge, Kardan-Spiralradantr., 1 Getriebe-, 1 Hinterradbr., Fahrgestellgew. 900 kg. Ferner: Typ P 8, 8/24 PS, 4 Zyl., P 16, 16/45 PS, 4 Zyl., P 24, 24/70 PS, 6 Zyl.

Dux-Automobil-Werke A.-G., Wahren b. Leipzig. Typ S, 17/50 PS, 4 Zyl., Pumpenkühlung, Bosch-Magnet, -Beleuchtung und -Anlasser, Konuskupplung, 4 Gänge, Kardan-Spiralradantrieb, 1 Getriebe-, 1 Hinterradbremse, Betriebsgewicht ca. 1800 kg.

Mercur-Flugzeugbau G. m. b. H., Berlin W 35. Typ: Ego, 4/14 PS 4 Zyl., Thermosyphonkühlung, kombinierte Licht- u. Zündmaschine, Lederkonuskupplg., 3 Gänge, Kardan m. Würfelgelenken, vorn u. hinten Auslegerfedern. Betriebsgewicht 670 kg.

Heinr. Ehrhardt A.-G. Düsseldorf. Typ L 10/40 PS, 4 Zyl., Pumpenkühlung, Bosch-Magnet, Fenag-Beleuchtung und -Anlasser, Lamellenkupplung, 4 Gänge, Kardan-Spiralradantrieb, 1 Getriebe-, 1 Hinterradbremse, Fahrgestellgewicht 900 kg. Weiterer Typ: L 15/50 PS, 6 Zyl.

DIE DEUTSCHEN WAGEN 1922

Elitewerke A.-G., Brand-Erbisdorf (Sa). Typ S, 18/55 PS, 6 Zyl., Pumpenkühlung, Bosch-Magnetzündung, -Beleuchtung, -Anlassmotor, Lamellenkupplung, 4 Gänge, Kardan-Spiralradantrieb, 1 Getriebe- und 1 Hinterradbremse, Betriebsgewicht 1750 kg. Ferner: Typ E 12, 12/42 PS, 4 Zyl.

Fahrzeugfabrik Düsseldorf Akt.-Ges., Düsseldorf. Typ: »Fadag« 10/50 PS, 6 Zyl., elektr. Beleuchtung u. Anlasser, selbsttätig schaltendes Getriebe, Steuerung links, Vorder- und Hinterradbremse.

Elitewagen A.-G. Ronneburg S.-A. u. Berlin. Typ 10/28 PS, 4 Zyl., Pumpenkühlg., Bosch-Magnet, Bosch-Beleuchtg. u. Bosch-Anlasser, Konuskupplung, 4 Gänge, Kardan-Kegelradantrieb, 1 Getriebe- und 1 Hinterradbremse, Betriebsgewicht 1420 kg. Ferner: 12/42 PS, 15/50 PS u. 18/55 PS.

Fafnir-Werke A.-G., Aachen. Typ 476, 9/28 PS, 4 Zyl., Thermosyphonkühlung, Bosch-Magnet, Bosch-Beleuchtung und Bosch-Anlasser, Konuskupplung, 4 Gänge, Kardankegelradantrieb, 1 Getriebe-, 1 Hinterradbremse, Betriebsgewicht 1100 kg.

Falcon-Automobil-Werke G. m. b. H., Sontheim-Heilbronn. Typ 6/20 PS, 4 Zyl., Dreisitzer, Thermosyphonkühlung, Eisemann-Magnet, -Beleuchtung u. -Anlasser, Lamellenkupplung, 4 Gänge, Kardan-Kegelradantrieb, 2 Hinterradbremsen, Betriebsgewicht 700 kg.

Hansa-Automobil- u. Fahrzeug-Werke A.-G., Varel i. Oldb. Typ Hansa F, 10/34 PS, 4 Zyl., Thermosyphonkühl., Bosch-Magnet, -Beleuchtung u. -Anlasser, trock. Lamellenkuppl., 4 Gänge, Kardan-Schneckenantr., 1 Getriebe-, 1 Hinterradbremse, Betriebsgew. 1650 kg. Typ Hansa P, 8/28 PS, 4 Zyl.

Hansa-Lloyd-Werke A.-G., Bremen. Typ L, 1,5 t, 14/30 PS, Lastwagen, 4 Zyl., 14/30 PS, Thermosyphonkühlung, Bosch-Magnet, -Beleuchtung, -Anlasser, trockene Lamellenkupplung, 4 Gänge, Kardan-Schneckenantrieb, 1 Getriebe-, 1 Hinterradbremse, Betriebsgewicht 1850 kg.

Heim & Cie.. Badische Automobilfabrik, Mannheim. Typ 6/20 PS, 4 Zyl. Thermosyphonkühlung, Bosch-Magnet, -Beleuchtung und -Anlasser, Konuskupplung, 3 Gänge, Kardan-Kegelradantrieb, 1 Getriebe-, 1 Hinterradbremse, Betriebsgewicht 950 kg. Ferner: Typ 8/30 PS, 4 Zyl.

Horchwerke A.-G., Zwickau i. Sa. Typ 10/30 PS, 4 Zyl., Pumpenkühlung, Bosch-Magnet, -Beleuchtung, und -Anlasser, Lamellenkupplung, 4 Gänge, Kardan-Spiralradantrieb, 2 Hinterradbremsen, Betriebsgewicht ca. 1550 kg. Ferner: Typ 15/50 PS, 6 Zyl., 18/50 PS, 4 Zyl., 25/60 PS, 4 Zyl.

Joswin-Motorwagenfabrik, Berlin-Halensee. Typen: 25/75 und 28/95 PS, 6 Zyl., Pumpenkühlung, 2 Bosch-Magnete, Fenag-Beleuchtung u. -Anlasser, Konus- oder Lamellenkupplung, 4 Gänge, Kardankegelradantrieb, 1 Getriebe-, 1 Hinterradbremse, Betriebsgewicht 2100 kg.

Induhag, Industrie- u. Handels-Gesellschaft m. b. H., Düsseldorf 8. Elektrische Type, 1,5 PS, elektrische Beleuchtung, 2 Gänge, Kettenantrieb, 1 elektrische, 1 mechanische Bremse, Betriebsgewicht 155 kg. Ferner: 2/4 PS 2 Zyl. Benzintyp.

Julius Höflich, Fürth i. Bayern. Typ »Juhö« zweisitzig, 2/4 PS 1 Zyl., luftgekühlt, Bosch-Magnet, Rollenkettenübertragung, keine Hinterachsbrücke und Differential, 3 Gänge, 2 Bremsen auf Hinterräder.

Lindcar Auto-Akt.-Ges., Berlin. Typ »Lindcar«, 4 Zyl., 4/12 PS, Thermosyphonkühlung, Siemens-Magnet, Morell-Beleuchtung u. -Anlasser, Konuskupplung, 3 Gänge, Kardan-Antrieb, 1 Fuß-, 1 Handbremse, Betriebsgewicht 480 kg.

Rud. Ley, Maschinenfabrik, A.-G., Arnstadt (Thür.). Typ S 12 Loreley, 12/40 PS 6 Zyl.; Pumpenkühlung, Bosch-Magnet, -Beleuchtung u.-Anlasser, Lamellenkuppl., 4 Gänge, Kardan-Spiralradantrieb, 1 Getriebe-, 1 Hinterradbremse, Betriebsgewicht 1400 kg. Typ T 6, 6/16 PS, 4 Zyl. und U 12, 12/32 PS, 4 Zyl.

Maybach-Motorenbau G. m. b. H., Friedrichshafen a. B. Typ 22/70 Maybach, 6 Zyl., 22/70 PS, Pumpenkühl., Doppel-Bosch-Magnetz., Bosch-Beleuchg. u. -Anlasser, Maybach-Spezial-Konstruktion ohne Schaltung, 2 Gänge, Kardan-Spiralradantrieb, 1 Fuß-, 1 Handbremse auf alle vier Räder wirkend, Betriebsgewicht 1900–2200 kg.

Daimler-Motoren-Gesellschaft, Stuttgart-Unterturkheim. Typ 6/25 PS Mercedes, 4 Zyl., Pumpenkühl., Bosch-Magnetzündung, -Beleuchtung, -Anlaßmotor, Konuskuppl., 4 Gänge, Kardan-Doppelkegelradantrieb, 1 Getriebe- 1 Hinterradbr., Gew. 650 kg. Ferner: 10/35 PS, 4 Zyl., 16/45 PS, 4 Zyl., 28/95 PS, 6 Zyl.

Nationale Automobil-Gesellschaft, A.-G., Berlin-Oberschöneweide Typ 10/30 PS N.A.G., 4 Zyl., Thermosyphonkühlung, Magnetzündung, Bosch-Beleuchtung u. -Anlasser, Konuskupplung, 4 Gänge, Kardan-Spiralradantr., 1 Getriebe- 1 Hinterradbremse, Betriebsgewicht 1500 kg. Ferner: Typ 11/45 PS, 4 Zyl.

Neckarsulmer Fahrzeugwerke A.-G., Neckarsulm (Wttbg). Typ 5/15 PS, 4 Zyl., Thermosyphonkühlung, Magnetzündung, Eisemann-Beleuchtung, Konuskupplung, 3 Gänge, Kardankegelradantrieb, 1 Getriebe-, 1 Hinterradbremse, Betriebsgewicht 700 kg. Ferner: Typ 8/24 PS, 14/40 PS, 4 Zyl.

DIE DEUTSCHEN WAGEN 1922

Nug-Kraftfahrzeugwerke, Niebaum, van Horn & Co., Herford (Westf.). Typ 3, 8/15 PS, 4 Zyl., Thermosyphonkühlung, Siemens-Halske-Zündung, Azetylenbeleuchtung, Scheibenkupplung, 3 Gänge, Kardan-Kegelradantrieb, 2 Hinterradbremsen, Betriebsgewicht 600 kg.

Deutsche Electromobil- u. Motorenwerke A.-G., Wasseralfingen, Wttbg. Typ Elektrischer Zweisitzer „Omnobil", 1,8/3,6 PS, elektr. Beleuchtung, keine Kupplung, 3 Gänge, Hinterachsenantrieb, 2 Hinterradbremsen, 1 elektrische Bremse, Betriebsgewicht ca. 530 kg.

Adam Opel, Fahrräder- u. Motorwagenfabrik, Rüsselsheim a. M. Typ 8 M 21, 8/20 PS, 4 Zyl., Pumpenkühlung, Bosch-Magnet, -Beleuchtung u. -Anlasser, Konuskupplung, 4 Gänge, Kardan-Kegelradantrieb, 1 Getriebe-, 1 Hinterradbremse, Ferner: Typ 9/25 PS, 4 Zyl., 14/38 PS, 4 Zyl., 21/50 PS, 6 Zyl., 30/75 PS, 6 Zyl.

Autowerke Peter & Moritz A.-G., Eisenberg (Thür.). Typ M 1, 2–3 sitz., 5/19 PS, 2 Zyl., Thermosyphonkühl., Boschzündung, elektr. Beleuchtung, Lamellenkupplung, 2 Gänge, Kardan, 2 Hinterachsbremsen, Betriebsgewicht 525 kg.

Phänomen-Werke Gustav Hiller A.-G., Zittau i. Sa. Typ: Phänomobil-„V" Dreiradwagen 6/14 PS 4 Zyl., luftgekühlt, elektr. oder Acetylenbeleuchtung, Metallkonuskupplung, 2 Gänge, Kettenübertragung auf Vorderrad, 2 Bremsen, Betriebsgewicht 640 kg.

Phänomen-Werke Gustav Hiller A.-G., Zittau i. Sa. Typ 10/30 PS Phänomen, 4 Zyl., Thermosyphonkühlung, Bosch-Magnet, -Beleucht. u. -Anlasser, Konuskuppl., 4 Gänge, Kardan-Kegelradantrieb, 1 Getriebe- 1 Hinterradbr., Betriebsgew. ca. 1700 kg. Ferner: Typ 16/45 PS 4 Zyl., Sportviersitzer.

Prestowerke A.-G., Chemnitz (Sa.). Typ D, 9/30 PS, 4 Zyl., Thermosyphonkühlung, Hochspannungsmagnet, Elektr. Beleuchtung u. Anlasser nach Wunsch, Lamellenkupplung, 4 Gänge, Kardan-Spiralradantrieb, 1 Getriebe-, 1 Hinterradbremse, Betriebsgewicht ca. 1200 kg.

Protos-Automobile, G. m. b. H., Berlin-Siemensstadt. Typ C, 10/30 PS, 4 Zyl., Thermosyphonkühlung, Siemens-Halske-Magnetzündung, Bosch-Beleuchtung und -Anlasser, Doppelkonus-Lamellenkupplung, 4 Gänge, Kardan-Spiralradantrieb 1 Getriebe-, 1 Hinterradbr., Betriebsgew. 1500 kg.

Rikas Automobilwerke, Berlin SW. 68. Typ „Rikas", 4 Zyl., 6/18 PS, Wasserkühlung, Bosch-Magnet, -Beleuchtung u. -Anlasser, Konuskupplung, 3 Gänge, Hinterradantrieb durch Differential, 1 Hand-, 1 Fußbremse, Betriebsgewicht 750 kg.

Rumpler-Werke A.-G., Berlin-Johannisthal. Typ O. A 104, 10/36 PS, 6 Zyl., Motorblock vor der Hinterachse, Pumpenkühlung, Bosch-Magnetzünd., -Beleuchtung u. -Anlasser, Lamellenkupplung, 3 Gänge, Schwingende Kegelräder, 1 Getriebe-, 1 Hinterradbremse, Betriebsgewicht 1350 kg.

S B-Automobil-Gesellschaft m. b. H., Berlin-Charlottenburg 2. Typ Elektrisches Kleinauto für 1 u. 2 Personen, 1 PS, elektrische Beleuchtung, 2 Gänge, Kettenantrieb, 3 Bremsen, Betriebsgewicht 290 kg.

Selve-Automobilwerke, G. m. b. H., Hameln a. Weser. Typ S L. 6, 6/28 PS, 4 Zyl., Thermosyphonkühlung, Bosch-Magnet, -Beleuchtung u. -Anlasser, Konuskupplg., 4 Gänge, Kardan-Kegelradantrieb. 1 Getriebe-, 1 Hinterradbremse. Betriebsgewicht 1150 kg. Ferner: Typ S.L. 8/36 PS, 4 Zyl.

Sphinx Automobilwerke A.-G. Zwenkau (i. Sa.) Typ „Sphinx", 4 Zyl., 4,3/16 PS, Wasserkühlung, Eisemann-Magnet, Morell-Beleuchtung u. -Anlasser, Konuskupplung, 3 Gänge, Kardan-Antrieb, 2 Hinterradbremsen, Betriebsgewicht ca. 635 kg.

Simson & Co., Abtlg. Automobile, Suhl (Thür.). Typ B 6/18 PS, 4 Zyl., Thermosyphonkühl., Bosch-Magnet, -Beleuchtg. u. -Anlasser, Konus- od. Lamellenkuppl., 4 Gänge, Kardankegelradantrieb, 1 Getriebe-, 1 Hinterradbr., Betriebsgew. 950 kg. Ferner: Typ C 10/30 PS, 4 Zyl., Typ D 10/45 PS, 4 Zyl.

Steiger Akt.-Ges., Burgrieden b. Laupheim (Württ.). Typ P.A. 10/50 PS, 4 Zyl., Pumpenkühlung, Bosch-Magnet, -Beleuchtung u. -Anlasser, Einlamellenkupplung, 4 Gänge, Kardan-Antrieb, 1 Getriebe- und 1 Hinterradbremse, Betriebsgewicht 1350 kg.

Stoewer-Werke A.-G., Stettin. Typ D 3, 8/24 PS, 4 Zyl., Pumpenkühlung, Bosch-Magnet, -Beleuchtung u. -Anlasser, Konuskuppl., 4 Gänge, Kardan-Kegelradantrieb, 1 Getriebe-, 1 Hinterradbremse, Betriebsgew. 1250 kg. Ferner: Typ D 5, 12/36 PS, 6 Zyl. und Typ D 7, 42/120 PS, 6 Zyl.

Szabo & Wechselmann, Komm.-Ges., Berlin W 8, Typ „Szawe" 10/50 PS, 6 Zyl., Pumpenkühlung, Eisemann-Magnet, -Beleuchtung und -Anlasser, Platten-Kupplung, 4 Gänge, Kardan-Spiralräderantrieb, 1 Getriebe-, 1 Hinterradbremse, Fahrgestellgewicht 850 kg.

Wanderer-Werke A.-G., Schönau b. Chemnitz. Typ W 8, 5/15 PS, 4 Zyl., Pumpenkühlung, Bosch-Magnet, Beleuchtg. und Anlasser beliebig, Konuskupplung, 3 Gänge, Kardan-Spiralradantrieb, 1 Getriebe-, 1 Hinterradbremse, Betriebsgewicht 650 kg. Ferner: Typ W 6, 6/18 PS, 4 Zyl.

ALLGEMEINE AUTOMOBIL-ZEITUNG

Deutsche Personenwagen 1925.

Name und Modell	Motor: Steuer-u. Brems-Leistung PS	Drehzahl pro Minute	Zylinderzahl	Bohrung und Hub mm	Gesamt-Zylinder-Inhalt Liter	Ventil-Anordnung	Zylind.-Gußstück	Zylinder-Kopf abnehmbar?	Kolbenmaterial	Steuerwelle: Anordnung	Steuerwelle: Antrieb	Zahl u. Art der Wellenlager	Art der Schmierung	Art der Ölpumpe	Kühlung	Normaler Vergaser	Brennstoff-zuführung
Adler 6/22	6/22	2200	4	67×110	1.55	Eins. sthd.	1 Block	Nein	Alum.	Kurb. Kast.	Kette	3-Gleit.	Dr. Uml.	Zahnr.	Thermo	Versch.	Druck
Adler 9/30	9/30	2200	4	79×118	2.31	Eins. sthd.	1 Block	Nein	Alum.	Kurb. Kast.	Kette	3-Gleit.	Dr. Uml.	Zahnr.	Pumpe	Versch.	Unterdr.
Adler 12/40	12/50	[illegible]000	4	86×135	3.13	Eins. sthd.	2 Block	Nein	Alum.	Kurb. Kast.	Stirnräd.	4-Gleit.	Dr. Uml.	Zahnr.	Pumpe	Pallas	Unterdr.
Adler 18/60	18/100	2000	4	100×150	4.71	Eins. sthd.	2 Block	Nein	Alum.	Kurb. Kast.	Stirnräd.	4-Gleit.	Dr. Uml.	Zahnr.	Pumpe	Pallas	Unterdr.
Aga C	6/22	2500	4	64×110	1.44	Eins. sthd.	1 Block	Nein	Elektron	Kurb. Kast.	Schraub. rd.	3-Gleit.	Dr. Uml.	Zahnr.	Thermo	Solex	Unterdr.
Alli 3/12	3/12	—	2	78×80	0.78	Eins. sthd.	Gegenl.	Ja	Alum.	Kurb. Kast.	Stirnräd.	2-Gleit.	Spritzöl	Zahnr.	Thermo	Solex	Gefälle
Alli 7/35	7/35	3600	4	70×105	1.66	Häng. Kopf	1 Block	Ja	Alum.	Kurb. Kast.	Stirnräd.	3-Gleit.	Dr. Uml.	Zahnr.	Thermo	Solex	Gefälle
Apollo 4/16	4/16	2300	4	60×92	1.00	Häng. Kopf	1 Block	Nein	Elektron	Kurb. Kast.	Stirnräd.	2-Gleit.	Vakuum	—	Thermo	Solex	Gefälle
Apollo 10/40	10/40	[illegible]000	4	82×123	2.50	Eins. sthd.	1 Block	Nein	Elektron	Kurb. Kast.	Stirnräd.	3-Gleit.	Dr. Uml.	Zahnr.	Thermo	Solex	Druck
Audi K	14/50	2200	4	90×140	3.56	Häng. Kopf	1 Block	Ja	Alum.	Kurb. Kast.	Schraub. rd.	3-Gleit.	Dr. Uml.	Zahnr.	Thermo	Zenith	Unterdr.
Audi M	18/70	2500	6	90×122	4.[illegible]5	Häng. Kopf	1 Block	Ja	Alum.	Zyl. Kopf	Kegelräd.	8-Gleit.	Dr. Uml.	Zahnr. u. Kolb.	Pumpe	Zenith	Unterdr.
B. 7.	1,8/6	2800	2	68×68	0.494	Häng. Kopf	Gegenl.	Nein	Alum.	Kurb. Kast.	Stirnräd.	2-Kugel	Dr. Uml.	Zahnr.	Luft	B. M. W.	Gefälle
Badenia 8/40	8/40	4000	6	66×97	1.99	Häng. Kopf	1 Block	Nein	Alum.	Zyl. Kopf	Kegelräd.	3-Kugel	Dr. Uml.	Kolben	Thermo	Solex	Unterdr.
Baer	4/17	2200	2	70×100	0.[illegible]7	Zweitakt	1 Block	Ja	Gußeis.	Kurb. Kast.	Schraub. rd.	3-Gleit.	Dr. Uml.	Zahnr.	Thermo	Solex	Unterdr.
Bafag	4/14	2500	1	90×1[illegible]0	0.63	Zweitakt	—	Nein	Alum.	ohne	—	2-Kugel	Vakuum	—	Thermo	Bafag	Gefälle
Bafag T 2	8/28	2500	2	90×100	1.27	Zweitakt	Einzeln	Nein	Alum.	ohne	—	2-Rollen	Vakuum	—	Pumpe	Bafag	Gefälle
Beckmann	8/32	2500	4	81.5×100	—	Eins. sthd.	1 Block	Nein	Alum.	Kurb. Kast.	Kette	3-Gleit.	Dr. Uml.	Zahnr.	Thermo	Solex	Unterdr.
Benz 10/30	10/34	2250	4	80×130	2.61	Eins. sthd.	1 Block	Nein	Alum.	Kurb. Kast.	Kette	3-Gleit.	Dr. Uml.	Exzent.	Thermo	Zenith	Unterdr.
Benz 11/40	11/40	2200	6	72×117	2.80	Eins. sthd.	1 Block	Nein	Gußeis.	Kurb. Kast.	Kette	4-Gleit.	Dr. Uml.	Exzent.	Pumpe	Zenith	Unterdr.
Benz 16/50	16/50	1950	6	[illegible]0×13[illegible]	4.16	Eins. sthd.	2 Block	Nein	Gußeis.	Kurb. Kast.	Kette	4-Gleit.	Dr. Uml.	Exzent.	Pumpe	2 Zenith	Unterdr.
Benz Söhne 8/25	8/25	21[illegible]0	4	74.5×120	2.09	Eins. sthd.	1 Block	Nein	Gußeis.	Kurb. Kast.	Kette	3-Gleit.	Dr. Uml.	Zahnr.	Thermo	Zenith	Unterdr.
Benz Söhne 10/30	10/30	1900	4	[illegible]5×115	2.60	Eins. sthd.	2 Block	Nein	Gußeis.	Kurb. Kast.	Schraub. rd	3-Gleit.	Dr. Uml.	Kolben	Thermo	Zenith	Unterdr.
Benz Söhne 14/42	14/42	1900	4	90×140	3.52	Eins. sthd.	2 Block	Nein	Gußeis.	Kurb. Kast.	Schraub. rd.	3-Gleit.	Dr. Uml.	Kolben	Thermo	Zenith	Unterdr.
Bölle & Fiedler III 24	4/17	2800	3	[illegible]6×100	1.02	Zweitakt	1 Block	Nein	Alum.	Kurb. Kast.	Kette	5-Kugel	Mischöl	—	Thermo	Kiesel	Druck
Bölle & Fiedler VI 24	8/55	2800	6	66×100	2.05	Zweitakt	1 Block	Nein	Alum.	Kurb. Kast.	Kette	9-Kugel	Mischöl	—	Thermo	Kiesel	Druck
Braunsdorf. Maschik	1,3/12	3[illegible]00	1	70×90	0.35	Häng. Kopf	—	Ja	Alum.	Zyl. Kopf	Kegelräd.	2-Kugel	Dr. Uml.	Spezial	Luft	Spezial	Gefälle
Brennabor P	8/24	2200	4	80×104	2.09	Eins. sthd.	1 Block	Nein	Gußeis.	Kurb. Kast.	Stirnräd.	3-Gleit.	Dr. Uml.	Zahnr.	Thermo	Versch.	Unterdr.
Brennabor S	6/20	2[illegible]00	4	70×102	1.57	Häng. Kopf	1 Block	Ja	Gußeis.	Kurb. Kast.	Stirnräd.	2-Gleit.	Dr. Uml.	Zahnr.	Pumpe	Versch.	Gefälle
Carolus 6/20	6/20	2400	4	70×102	1.57	Eins. sthd.	1 Block	Nein	Alum.	Kurb. Kast.	Stirnräd.	3-Gleit.	Dr. Uml.	Zahnr.	Thermo	Pallas	Gefälle
Carolette Dreirädr.	0,74/3,5	2800	1	50×66	0.123	Zweitakt	—	Ja	Gußeis.	ohne	—	3 Rollen	Mischöl	—	Thermo	Pallas	Gefälle
Cyklon	5/18	2000	4	66×9[illegible]	1.23	Eins. sthd.	1 Block	Nein	Elektron	Kurb. Kast.	Stirnräd.	3-Gleit	Dr. Uml.	Zahnr.	Thermo	Zenith	Unterdr.
D-Wagen	5/25	2[illegible]00	4	68×86	1.20	Häng. Kopf	1 Block	Ja	Alum.	Kurb. Kast.	Stirnräd.	3-Gleit	Umlauf	Zahnr.	Thermo	Versch.	Gefälle
Diabolo Dreirädr.	4/12	2400	2	82×103	1.10	Übereinand.	V-Form	Nein	Gußeis.	Kurb. Kast.	Stirnräd.	2-Gleit	Dr. Uml.	Kolben	Thermo	Schlee	Gefälle
Dinos 8/35	8/42	2800	4	78×108	2.04	Häng. Kopf	1 Block	Ja	Elektron	Zyl. Kopf	Kegelräd.	3-Gleit	Dr. Uml.	Exzent.	Pumpe	Pallas	Unterdr.
Dixi 6/24	6/24	3000	4	70×102	1.57	Eins. sthd.	1 Block	Nein	Alum.	Kurb. Kast.	Kette	3-Gleit	Dr. Uml.	Zahnr.	Thermo	Versch.	Unterdr.
Dorner Schweröl	3/14	1400	2	70×100	0.77	Häng. Kopf	V-Form	Ja	Gußeis.	Kurb. Kast.	Stirnräd.	2-Gleit	—	—	Luft	Ohne	Gefälle
Dürkopp P 8 A	8/32	25[illegible]0	4	81.5×100	2.08	Eins. sthd.	1 Block	Nein	Elektron	Kurb. Kast.	Schraub. rd.	3-Gleit	Dr. Uml.	Kolben	Thermo	Versch.	Unterdr.
Dürkopp P 12	12/48	2500	6	81.5×100	3.12	Eins. sthd.	1 Block	Nein	Elektron	Kurb. Kast.	Schraub. rd.	4-Gleit	Dr. Uml.	Kolben	Thermo	Versch.	Unterdr.
Dux R V	17/60	2500	6	82×140	4.43	Eins. sthd.	1 Block	Nein	Alum.	Kurb. Kast.	Kette	4-Gleit	Dr. Uml.	Zahnr.	Pumpe	Sum	Druck
Ego M P C	4/16	3000	4	65×78	1.03	Eins. sthd.	1 Block	Ja	Alum.	Kurb. Kast.	Stirnräd.	3-Gleit	Dr. Uml.	Zahnr.	Thermo	Solex	Gefälle
Elitewerke 18/70	18/70	2200	6	84.5×140	4.71	Eins. sthd.	1 Block	Nein	Elektron	Kurb. Kast.	Kette	4-Gleit	Dr. Uml.	Zahnr.	Pumpe	Zenith	Unterdr.
Elitewerke 15/50	15/50	18[illegible]0	4	90×150	3.78	Eins. sthd.	1 Block	Nein	Elektron	Kurb. Kast.	Kette	4-Gleit	Dr. Uml.	Zahnr.	Pumpe	Zenith	Unterdr.
Elitewerke 12/40	12/40	2000	4	84.5×140	3.13	Eins. sthd.	1 Block	Nein	Elektron	Kurb. Kast.	Kette	4-Gleit	Dr. Uml.	Zahnr.	Pumpe	Zenith	Unterdr.
Fadag 8/30	8/32	3000	4	81.5×100	2.14	Eins. sthd.	1 Block	Nein	Alum.	Kurb. Kast.	Kette	3-Gleit	Dr. Uml.	Zahnr.	Thermo	Pallas	Unterdr.
Fadag 10/50	10/50	3000	6	7[illegible]×112	2.58	Häng. Kopf	1 Block	Ja	Alum.	Zyl. Kopf	Schraub. rd.	4-Kugel	Dr. Uml.	Zahnr.	Thermo	Zenith	Unterdr.
Fafag 4/22	4/24	3500	4	64×81	1.03	Häng. Kopf	1 Block	Nein	Alum.	Zyl. Kopf	Schraub. rd.	2-Rollen	Dr. Uml.	Kolben	Thermo	Schlee	Gefälle
Fafnir 471	8/50	3250	4	71×125	1.99	Häng. Kopf	1 Block	Ja	Alum.	Kurb. Kast.	Kette	3-Gleit.	Dr. Uml.	Zahnr.	Thermo	Zenith	Unterdr.
Fafnir 476 E	9/36	2500	4	76×125	2.24	Eins. sthd.	1 Block	Nein	Alum.	Kurb. Kast.	Kette	3-Gleit.	Dr. Uml.	Zahnr.	Thermo	Ideal	Unterdr.
Falcon T 6	6/28	3200	4	69×100	1.49	Eins. sthd.	1 Block	Ja	Elektron	Kurb. Kast.	Schraub. rd.	3-Kugel	Dr. Uml.	Zahnr.	Pumpe	Zenith	Unterdr.
Faun K 2	6/24	2400	4	64×110	1.41	Häng. Kopf	1 Block	Ja	Gußeis.	Zyl. Kopf	Schraub. rd.	2-Kugel	Dr. Uml.	Zahnr.	Thermo	Solex	Gefälle
Freia S 23	5/20	25[illegible]0	4	64.5×100	1.30	Häng. Kopf	1 Block	Nein	Alum.	Zyl. Kopf	Schraub. rd.	2-Rollen	Umlauf	Zahnr.	Thermo	Solex	Gefälle
Fulmina 10/30	10/30	2200	4	80×130	2.60	Eins. sthd.	1 Block	Nein	Gußeis.	Kurb. Kast.	Kette	3-Gleit	Dr. Uml.	Exzent.	Thermo	Zenith	Unterdr.
Fulmina 12/50	12/50	2500	4	—	—	Eins. sthd.	1 Block	Nein	Gußeis.	Kurb. Kast.	Kette	3-Gleit	Dr. Uml.	Exzent.	Thermo	Zenith	Unterdr.
Fulmina 16/60	16/60	1900	4	100×130	4.00	Eins. sthd.	1 Block	Nein	Gußeis.	Kurb. Kast.	Kette	3-Gleit	Dr. Uml.	Exzent.	Pumpe	Zenith	Unterdr.
Garbaty 1925	5/22	3600	4	6[illegible]×95	1.20	Häng. Kopf	1 Block	Ja	Alum.	Kurb. Kast.	Stirnräd.	2-Gleit	Dr. Uml.	Zahnr.	Thermo	Solex	Gefälle
Grade II A F 2	4/16	1800	2	70×1[illegible]5	0.85	Zweitakt	Einzeln	Nein	Gußeis.	—	—	3-Gleit	Dr. Uml.	Spezial	Luft	Special	Gefälle
H A G 5/18	5/18	[illegible]200	4	64×101.5	1.30	Häng. Kopf	1 Block	Nein	Alum.	Zyl. Kopf	Kegelräd.	2-Kugel	Dr. Uml.	Kolben	Thermo	Zenith	Gefälle
H A G 8/40	8/40	3200	6	66×97.5	2.00	Häng. Kopf	1 Block	Nein	Alum.	Zyl. Kopf	Kegelräd.	3-Kugel	Dr. Uml.	Kolben	Thermo	Pallas	Druck
Hanomag	2/10	27[illegible]0	1	80×100	0.50	Häng. Kopf	—	Ja	Elektron	Kurb. Kast.	Stirnräd.	2-Rollen	Dr. Uml.	Kolben	Thermo	Pallas	Gefälle
Hansa P	8/36	4[illegible]00	4	77.8×110	2.20	Eins. sthd.	1 Block	Nein	Alum.	Kurb. Kast.	Kette	3-Gleit.	Dr. Uml.	Zahnr.	Thermo	Versch.	Unterdr.
Hansa-Lloyd H	18/65	2[illegible]00	4	105×150	4.50	Eins. sthd.	1 Block	Nein	Alum.	Kurb. Kast.	Kette	3-Gleit.	Dr. Uml.	Zahnr.	Thermo	Pallas	Unterdr.
Hataz A	4/17	3000	4	60×92	0.88	Eins. sthd.	1 Block	Ja	Elektron	Kurb. Kast.	Schraub. rd.	3-Gleit.	Umlauf	Zahnr.	Thermo	Zenith	Unterdr.
Heim 8/40	8/40	28[illegible]0	4	81.5×100	2.08	Eins. sthd.	1 Block	Nein	Alum.	Kurb. Kast.	Kette	3-Gleit.	Dr. Uml.	Zahnr.	Thermo	Solex	Gefälle
Heim 9/60	9/60	[illegible]200	6	69×105	2.[illegible]5	Häng. Kopf	1 Block	Ja	Elektron	Zyl. Kopf	Kegelräd.	7-Gleit.	Dr. Uml.	Zahnr.	Pumpe	Zenith	Gefälle
Helios H 2	2/8	2200	2	65×90	0.59	Eins. sthd.	1 Block	Ja	Gußeis.	Kurb. Kast.	Stirnräd.	2-Rollen	Spritzöl	ohne	Thermo	Pallas	Gefälle
Hildebrand	6/25	25[illegible]0	4	7[illegible]×1[illegible]0	1.54	Eins. sthd.	1 Block	Nein	Alum.	Kurb. Kast.	Stirnräd.	3-Gleit	Dr. Uml.	Spezial	Thermo	Zenith	Uterdr.
Horch 10 M 21	10/50	[illegible]200	4	80×130	2.[illegible]0	Häng. Kopf	1 Block	Ja	Elektron	Zyl. Kopf	Kegelräd.	3-Gleit	Dr. Uml.	Zahnr.	Pumpe	Zenith	Uterdr.
Koco H K IV	4/16	2000	2	85×90	1.02	Eins. sthd.	Gegenl.	Nein	Gußeis.	Kurb. Kast.	Stirnräd.	2-Kugel	Dr. Uml.	Kolben	Thermo	Versch.	Gfälle
Koco H K V	5/25	2000	2	94×94	1.[illegible]0	Eins. sthd.	Gegenl.	Nein	Elektron	Kurb. Kast.	Stirnräd.	2-Kugel	Dr. Uml.	Kolben	Thermo	Versch.	Gfälle
Körting F/B D	6/24	2500	4	70.7×100	1.57	Eins. sthd.	1 Block	Nein	Alum.	Kurb. Kast.	Kette	3-Gleit.	Dr. Uml.	Zahnr.	Thermo	Solex	Gfälle
Körting H/C B	8/32	2800	4	81.5×100	2.[illegible]8	Eins. sthd.	1 Block	Nein	Alum.	Kurb. Kast.	Kette	3-Gleit.	Dr. Uml.	Zahnr.	Thermo	Solex	Gefälle
Komet H B 2	4/14	2200	4	60×90	0.80	Eins. sthd.	1 Block	Nein	Alum.	Kurb. Kast.	Stirnräd.	3-Gleit.	Umlauf	Zahnr.	Thermo	Zenith	Gefälle
Komnick C 2	8/30	2000	4	78×108	2.06	Häng. Kopf	1 Block	Ja	Alum.	Zyl. Kopf	Kegelräd.	3-Gleit.	Dr. Uml.	Exzent.	Pumpe	Pallas	Gefälle
Leichtauto A 25	0,74/4	3500	1	—	0.15	Eins. sthd.	—	Nein	Alum.	Kurb. Kast.	Stirnräd.	2-Kugel	Spritzöl	—	Luft	Versch.	Gefälle
Leichtauto B 25	1,0/8	350[illegible]	1	—	0.35	Häng. Kopf	—	Ja	Alum.	Kurb. Kast.	Kegelräd.	2-Kugel	Spritzöl	—	Luft	Versch.	Gefälle
Leifa Rohöl	6/18	4000	2	85×85	0.96	Zweitakt	Einzeln	Ja	Elektron	—	—	2-Gleit.	Spritzöl	—	Luft	Ohne	Gefälle
Ley U 2	12/45	24[illegible]0	4	87×130	3.00	Eins. sthd.	1 Block	Nein	Alum.	Kurb. Kast.	Schraub. rd.	3-Gleit.	Dr. Uml.	Kolben	Pumpe	Zenith	Unterdr.
Ley M 8	8/35	2800	4	80×100	2.00	Eins. sthd.	1 Block	Ja	Alum.	Kurb. Kast.	Schraub. rd.	3-Gleit.	Dr. Uml.	Kolben	Thermo	Zenith	Unterdr.
Ley T 6	6/22	25[illegible]0	4	70×100	1.[illegible]4	Eins. sthd.	1 Block	Nein	Alum.	Kurb. Kast.	Schraub. rd.	4-Kugel	Dr. Uml.	Kolben	Thermo	Zenith	Unterdr.
Lipsia	6/20	30[illegible]0	4	65×118	1.56	Eins. sthd.	1 Block	Nein	Gußeis.	Kurb. Kast.	Schraub. rd.	3-Gleit.	Dr. Uml.	Exzent.	Thermo	Zenith	Unterdr.
Luther & Heyer	4/12	2200	4	60×90	1.02	Eins. sthd.	1 Block	Nein	Gußeis.	Kurb. Kast.	Stirnräd.	3-Gleit.	Umlauf	Zahnr.	Thermo	Solex	Gefälle
Lux S 5	5/18	3[illegible]0	4	64.5×100	1.32	Eins. sthd.	1 Block	Nein	Elektron	Kurb. Kast.	Stirnräd.	2-Kugel	Spritzöl	—	Thermo	Solex	Gefälle
Magnet K	4/14	2000	4	62×86	1.03	Übereinand.	2 Block	Nein	Gußeis.	Kurb. Kast.	Stirnräd.	3-Kugel	Dr. Uml.	Kolben	Thermo	Pallas	Gefälle
Maja	2,6/6,5	30[illegible]0	2	68×[illegible]8	0.50	Eins. sthd.	Gegenl.	Nein	Alum.	Kurb. Kast.	Stirnräd.	2-Kugel	Umlauf	—	Luft	Versch.	Gefälle
Maurer	2,6/8	2500	2	64×77	0.50	Zweitakt	Gegenl.	Nein	Gußeis.	—	—	2-Kugel	Mischöl	—	Thermo	Kiesel	Gefälle
Mauser	6/24	[illegible]000	4	[illegible]8×108	1.55	Häng. Kopf	1 Block	Ja	Elektron	Kurb. Kast.	Stirnräd.	3-Gleit.	Dr. Uml.	Exzent.	Thermo	Pallas	Gefälle
Maybach	22/70	2400	6	95×135	5.[illegible]5	Eins. sthd.	1 Block	Nein	Gußeis.	Kurb. Kast.	Schraub. rd.	4-Gleit.	Dr. Uml.	Zahnr.	Pumpe	Maybach	Unterdr.
Mayr	1,9/10	4000	2	[illegible]8×68	0.50	Zweitakt	Einzeln	Nein	Alum.	—	—	2-Kugel	Mischöl	—	Luft	Versch.	Gefälle
Mercedes Knight	16/50	—	4	100×1[illegible]0	4.08	Knight	1 Block	Nein	Alum.	Kurb. Kast.	Schraub. rd.	5-Gleit.	Dr. Uml.	Zahnr. u. Kolb.	Pumpe	Mercedes	Druck
Mercedes 28/95	28/95	—	6	105×140	7.27	Häng. Kopf	3 Block	Nein	Alum.	Zyl. Kopf	Kegelräd.	4-Gleit.	Dr. Uml.	Zahnr. u. Kolb.	Pumpe	Mercedes	Druck
Mercedes 10/65 Gebläse	10/40/65	—	4	[illegible]0×150	2.61	Häng. Kopf	2 Block	Nein	Alum.	Zyl. Kopf	Kegelräd.	3-Gleit.	Dr. Uml.	Zahnr. u. Kolb.	Pumpe	Mercedes	Druck

Name und Modell	Zündung: Art	Zündung: Betätigt durch	Kraftübertragung: Kupplung	Getriebe: Anordnung	Getriebe: Zahl der Vorw.-Gänge	Getriebe: Stellung des Schalthebels	Zahl und Art der Kardangelenke	Hinterachsantrieb	Hinterachs-Abstützung: Drehmoment aufgen. durch	Hinterachs-Abstützung: Achsschub aufgen. durch	Laufwerk: Art der Vorderachse	Federn: Vorn	Federn: Hinten	Bremsen-Anordnung: Fußbr.	Bremsen-Anordnung: Handbr.	Lenkung: Anordnung	Lenkung: Bauart	Normale Wagenräder	Reifengröße mm	Spurweite mm	Radstand mm
Adler 6/22	Bosch	Autom.	Met. Konus	Wag. mitte	3	Mitten	1-Metall	Kegelr.	Rohr	Rohr	Gabel	½ Ell.	½ Ell.	Getriebe	Hint. rd.	Links	Schnecke	Drahtsp.	760×100	1300	2[illegible]50
Adler 9/30	Bosch	Autom.	Met. Konus	im Block	4	Rechts	1-Metall	Kegelr.	Rohr	Rohr	Gabel	½ Ell.	½ Ell.	Getriebe	Hint. rd.	Rechts	Spindel	Drahtsp.	820×120	1350	3100
Adler 12/40	Bosch	Hand	Led. Konus	Wag. mitte	4	Rechts	1-Metall	Spiralr.	Rohr	Rohr	Faust	½ Ell.	½ Ell.	Getriebe	Hint. rd.	Rechts	Spindel	Drahtsp.	[illegible]80×135	1400	3400
Adler 18/60	Bosch	Hand	Led. Konus	Wag. mitte	4	Rechts	1-Metall	Spiralr.	Rohr	Rohr	Faust	½ Ell.	½ Ell.	Getriebe	Hint. rd.	Rechts	Spindel	Drahtsp.	935×135	1400	3400
Aga C	Bosch	Autom.	Asb. Konus	im Block	3	Mitten	2-Gewebe	Spiralr.	Feder	Feder	Faust	½ Ell.	½ Ell.	Getriebe	Hint. rd.	Rechts	Schnecke	Stahl	7[illegible]0×100	1150	2550
Alli 3/12	Versch.	Autom.	Einscheib.	im Block	3	Mitten	2-Metall	Kegelr.	Feder	Feder	Faust	½ Ell.	½ Ell.	Hint. rd.	Hint. rd.	Links	Schnecke	Scheiben	650×65	1100	2200
Alli 7/35	Versch.	Autom.	Einscheib.	im Block	4	Mitten	1-Metall	Kegelr.	Rohr	Rohr	Gabel	½ Ell.	½ Ell.	Vierradbremse		Rechts	Schnecke	Drahtsp.	760×90	1300	2825
Apollo 4/16	Eisem.	Autom.	Met. Konus	Wag. mitte	3	Rechts	1-Gewebe	Spiralr.	Rohr	Schubst.	Special	½ Ell.	½ Ell.	Getriebe	Hint. rd.	Rechts	Planet	Holz	710×90	1140	2580
Apollo 10/40	Bosch	Autom.	Met. Konus	Wag. mitte	4	Rechts	1-Metall	Spiralr.	Rohr	Schubst.	Gabel	½ Ell.	½ Ell.	Getriebe	Hint. rd.	Rechts	Schnecke	Stahl	820×120	1300	3220
Audi K	Bosch	Hand	Einscheib.	im Block	4	Mitten	1-Metall	Spiralr.	Rohr	Rohr	Faust	½ Ell.	½ Ell.	Vierradbremse		Links	Spindel	Drahtsp.	895×135	1450	3530
Audi M	Bosch	Hand	Einscheib.	im Block	4	Mitten	1-Metall	Spiralr.	Rohr	Rohr	Faust	½ Ell.	½ Ell.	Vierradbremse		Links	Spindel	Drahtsp.	895×150	1460	3750
B. 7.	Bosch	Fest	Asb. Konus	Wag. mitte	3	Mitten	1-Metall	Kegelr.	Rohr	Rohr	Faust	½ Ell.	½ Ell.	Getriebe	Hint. rd.	Rechts	Schnecke	Drahtsp.	26×3"	1100	2150
Badenia 8/40	Bosch	Hand	Lamell. Oel	im Block	4	Mitten	1-Metall	Kegelr.	Rohr	Feder	Faust	½ Ell.	½ Ell.	Hint. rd.	Hint. rd.	Rechts	Spindel	Drahtsp.	820×120	1340	3000
Baer	Bosch	Fest	Einscheib.	im Block	4	Mitten	1-Gewebe	Kegelr.	Rohr	Rohr	Faust	½ Ell.	½ Ell.	Hint. rd.	Hint. rd.	Belieb.	Schnecke	Drahtsp.	710×100	1200	2550
Bafag	Mea	Hand	Asb. Konus	Wag. mitte	3	Mitten	1-Gewebe	Kegelr.	Rohr	Feder	Faust	½ Ell.	½ Ell.	Getriebe	Hint. rd.	Rechts	Schnecke	Drahtsp.	650×710	1100	2350
Bafag T 2	Mea	Hand	Asb. Konus	Wag. mitte	4	Mitten	1-Gewebe	Kegelr.	Rohr	Feder	Faust	½ Ell.	½ Ell.	Getriebe	Hint. rd.	Rechts	Schnecke	Drahtsp.	650×710	1100	2550
Beckmann	Bosch	Autom.	Asb. Konus	Wag. mitte	4	Rechts	1-Metall	Kegelr.	Rohr	Schubst.	Faust	½ Ell.	½ Ell.	Getriebe	Hint. rd.	Rechts	Spindel	Holz	815×105	1350	3100
Benz 10/30	Bosch	Hand	Led. Konus	Wag. mitte	4	Rechts	1-Metall	Kegelr.	Rohr	Schubst.	Faust	½ Ell.	½ Ell.	Getriebe	Hint. rd.	Rechts	Spindel	Holz	820×120	1350	3125
Benz 11/40	Bosch	Hand	Led. Konus	Wag. mitte	4	Rechts	1-Metall	Kegelr.	Rohr	Schubst.	Faust	½ Ell.	½ Ell.	Getriebe	Hint. rd.	Rechts	Spindel	Drahtsp.	820×120	1350	3274
Benz 16/50	Bosch	Hand	Led. Konus	Wag. mitte	4	Rechts	1-Metall	Kegelr.	Rohr	Schubst.	Faust	½ Ell.	½ Ell.	Vierradbremse		Rechts	Spindel	Drahtsp.	880×135	1420	3480
Benz Söhne 8/25	Bosch	Hand	Led. Konus	Wag. mitte	4	Rechts	1-Metall	Kegelr.	Rohr	Feder	Faust	½ Ell.	½ Ell.	Getriebe	Hint. rd.	Rechts	Spindel	Holz	815×120	1300	3035
Benz Söhne 10/30	Bosch	Hand	Led. Konus	Wag. mitte	4	Rechts	1-Metall	Kegelr.	Rohr	Schubst.	Gabel	½ Ell.	½ Ell.	Getriebe	Hint. rd.	Rechts	Spindel	Holz	820×120	1380	2910
Benz Söhne 14/42	Bosch	Hand	Led. Konus	Wag. mitte	4	Rechts	1-Metall	Kegelr.	Rohr	Schubst.	Gabel	½ Ell.	½ Ell.	Getriebe	Hint. rd.	Rechts	Spindel	Holz	880×135	1[illegible]60	[illegible]230
Bölle & Fiedler III 24	Bosch	Hand	Lamell. Oel	Wag. mitte	3	Mitten	1-Metall	Kegelr.	Rohr	Rohr	Faust	½ Ell.	½ Ell.	Hint. rd.	Hint. rd.	Links	Schnecke	Drahtsp.	760×100	1200	2800
Bölle & Fiedler VI 24	Bosch	Hand	Lamell. Oel	Wag. mitte	3	Mitten	1-Metall	Kegelr.	Rohr	Rohr	Faust	½ Ell.	½ Ell.	Hint. rd.	Hint. rd.	Links	Schnecke	Drahtsp.	815×105	1200	3000
Braunsdorf. Maschik	Bosch	Hand	Lamell. Oel	Wag. mitte	3	Mitten	—	Kette	—	Schubst.	Faust	½ Ell.	½ Ell.	Getriebe	Hint. rd.	Links	Special	Drahtsp.	26×2½"	1150	1750
Brennabor P	Bosch	Hand	Asb. Konus	Wag. mitte	4	Rechts	1-Metall	Spiralr.	Rohr	Schubst.	Faust	½ Ell.	½ Ell.	Getriebe	Hint. rd.	Rechts	Schnecke	Holz	820×135	1350	3170
Brennabor S	Bosch	Fest	Einscheib.	im Block	3	Mitten	1-Metall	Kegelr.	Rohr	Rohr	Gabel	½ Ell.	½ Ell.	Hint. rd.	Hint. rd.	Links	Spindel	Holz	730×130	[illegible]250	2600
Carolus 6/20	Bosch	Hand	Led. Konus	Wag. mitte	4	Mitten	1-Metall	Kegelr.	Rohr	Schubst.	Gabel	½ Ell.	½ Ell.	Hint. rd.	Hint. rd.	Links	Schnecke	Holz	710×90	1200	2800
Carolette Dreirädr.	[illegible]-Mag.	Fest	Asb. Konus	im Block	2	Mitten	—	Kette	—	Schubst.	1 Vord.-r.	Spezial	Schraubf.	Getriebe	Hint. rd.	Mitten	Stirnrad	Drahtsp.	25×2"	1080	2000
Cyklon	Bosch	Fest	Asb. Konus	Wag. mitte	4	Rechts	2-Metall	Kegelr.	Feder	Feder	Faust	½ Ell.	½ Ell.	Getriebe	Hint. rd.	Rechts	Spindel	Holz	710×90	1150	2496
D-Wagen	Bosch	Fest	Einscheib.	im Block	3	Mitten	1-Metall	Kegelr.	Rohr	Rohr	Faust	½ Ell.	½ Ell.	Hint. rd.	Hint. rd.	Links	Spindel	Drahtsp.	710×90	1200	2950
Diabolo Dreirädr.	Bosch	Hand	Led. Konus	Hint. achse	2	Rechts	Hint. rd.	Antrieb m. Kette			Gabel	Schraubf.	½ Ell.	Hint. rd.	Hint. rd.	Rechts	Special	Drahtsp.	26×3"	1100	2300
Dinos 8/35	Bosch	Hand	Led. Konus	im Block	4	Mitten	1-Metall	Spiralr.	Rohr	Rohr	Faust	½ Ell.	½ Ell.	Getriebe	Hint. rd.	Rechts	Spindel	Drahtsp.	820×120	1250	2925
Dixi 6/24	Bosch	Hand	Asb. Konus	Wag. mitte	4	Rechts	1-Metall	Kegelr.	Rohr	Rohr	Faust	½ Ell.	Ausleg.	Getriebe	Hint. rd.	Rechts	Spindel	Drahtsp.	765×105	1225	2840
Dorner Schweröl	ohne	—	Einscheib.	im Block	3	Mitten	1-Metall	Kegelr.	Rohr	Rohr	Faust	½ Ell.	½ Ell.	Vierradbremse		Links	Spindel	Scheiben	650×65	—	—
Dürkopp P 8 A	Bosch	Autom.	Einscheib.	im Block	4	Mitten	1-Metall	Spiralr.	Rohr	Rohr	Gabel	½ Ell.	½ Ell.	Vierradbremse		Rechts	Schnecke	Drahtsp.	765×105	1250	2934
Dürkopp P 12	Mea	Hand	Einscheib.	im Block	4	Mitten	1-Metall	Spiralr.	Rohr	Rohr	Gabel	½ Ell.	½ Ell.	Getriebe	Hint. rd.	Rechts	Schnecke	Drahtsp.	820×135	1350	3420
Dux R V	Bosch	Hand	Einscheib.	Wag. mitte	4	Rechts	1-Metall	Spiralr.	Rohr	Rohr	Faust	½ Ell.	½ Ell.	Vierradbremse		Rechts	Spindel	Holz	895×135	1420	3550
Ego M P C	Versch.	Fest	Einscheib.	Wag. mitte	3	Mitten	1-Gewebe	Kegelr.	Rohr	Feder	Gabel	½ Ell.	Querfed.	Vierradbremse		Links	Spindel	Scheiben	710×90	1350	2800
Elitewerke 18/70	Bosch	Hand	Lamell. Oel	Wag. mitte	4	Rechts	1-Metall	Spiralr.	Rohr	Rohr	Faust	½ Ell.	½ Ell.	Vierradbremse		Rechts	Spindel	Holz	895×135	1400	3700
Elitewerke 15/50	Bosch	Hand	Lamell. Oel	Wag. mitte	4	Rechts	1-Metall	Spiralr.	Rohr	Rohr	Faust	½ Ell.	½ Ell.	Getriebe	Hint. rd.	Rechts	Spindel	Holz	880×120	1400	3510
Elitewerke 12/40	Bosch	Hand	Lamell. Oel	Wag. mitte	4	Rechts	1-Metall	Spiralr.	Rohr	Rohr	Faust	½ Ell.	½ Ell.	Getriebe	Hint. rd.	Rechts	Spindel	Drahtsp.	880×120	1400	3415
Fadag 8/30	Bosch	Hand	Lamell. Oel	Wag. mitte	4	Lenkrd.	1-Metall	Spiralr.	Rohr	Rohr	Faust	½ Ell.	½ Ell.	Vierradbremse		Rechts	Spindel	Drahtsp.	820×120	1350	3100
Fadag 10/50	Bosch	Hand	Lamell. Oel	Wag. mitte	4	Lenkrd.	1-Metall	Spiralr.	Rohr	Rohr	Faust	½ Ell.	½ Ell.	Vierradbremse		Links	Spindel	Drahtsp.	820×135	1400	3350
Fafag 4/22	Bosch	Hand	Lamell. Oel	im Block	4	Mitten	1-Metall	Spiralr.	Rohr	Rohr	Faust	½ Ell.	½ Ell.	Hint. rd.	Hint. rd.	Rechts	Schnecke	Scheiben	710×90	1100	2300
Fafnir 471	Bosch	Hand	Led. Konus	im Block	4	Rechts	1-Gewebe	Spiralr.	Rohr	Rohr	Faust	½ Ell.	Ausleg.	Vierradbremse		Rechts	Schnecke	Drahtsp.	765×120	1300	3100
Fafnir 476 E	Bosch	Hand	Led. Konus	im Block	4	Rechts	1-Metall	Spiralr.	Rohr	Rohr	Faust	½ Ell.	Ausleg.	Getriebe	Hint. rd.	Rechts	Schnecke	Stahl	820×135	1300	3100
Falcon T 6	Bosch	Hand	Lamell. trock.	im Block	4	Mitten	1-Metall	Kegelr.	Rohr	Feder	Faust	½ Ell.	½ Ell.	Vierradbremse		Rechts	Spindel	Drahtsp.	778×145	1360	3000
Faun K 2	Bosch	Hand	Einscheib.	im Block	3	Mitten	2-Metall	Spiralr.	Rohr	Feder	Faust	½ Ell.	Ausleg.	Hint. rd.	Hint. rd.	Rechts	Schnecke	Stahl	765×105	1[illegible]50	2880
Freia S 23	Bosch	Fest	Fib. Konus	im Block	4	Rechts	1-Metall	Kegelr.	Rohr	Rohr	Faust	½ Ell.	½ Ell.	Getriebe	Hint. rd.	Rechts	Schnecke	Drahtsp.	710×100	1100	2350
Fulmina 10/30	Bosch	Hand	Asb. Konus	Wag. mitte	4	Rechts	1-Metall	Kegelr.	Rohr	Rohr	Faust	½ Ell.	Ausleg.	Vierradbremse		Rechts	Spindel	Holz	8[illegible]0×120	1250	[illegible]200
Fulmina 12/50	Bosch	Hand	Asb. Konus	Wag. mitte	4	Rechts	1-Metall	Kegelr.	Rohr	Schubst.	Faust	½ Ell.	Ausleg.	Vierradbremse		Rechts	Spindel	Holz	820×135	1250	3200
Fulmina 16/60	Bosch	Hand	Asb. Konus	Wag. mitte	4	Rechts	1-Metall	Kegelr.	Rohr	Schubst.	Faust	½ Ell.	Ausleg.	Vierradbremse		Rechts	Spindel	Holz	825×135	1550	3400
Garbaty 1925	Bosch	Fest	Led. Konus	im Block	4	Mitten	2-Gewebe	Kegelr.	Feder	Feder	Faust	½ Ell.	Ausleg.	Getriebe	Hint. rd.	Rechts	Schnecke	Scheiben	715×115	1200	2800
Grade II A F 2	Bosch	Fest	Reibradgetriebe		4	Links	—	Kette	Feder	Feder	Gabel	½ Ell.	½ Ell.	Hint. rd.	Getriebe	Links	Kette	Scheiben	710×90	1000	2950
H A G 5/18	S. & H.	Autom.	Lamell. Oel	im Block	3	Mitten	1-Metall	Kegelr.	Rohr	Feder	Faust	½ Ell.	½ Ell.	Hint. rd.	Hint. rd.	Belieb.	Schnecke	Drahtsp.	710×90	1200	2320
H A G 8/40	Bosch	Hand	Lamell. Oel	im Block	4	Mitten	1-Metall	Kegelr.	Rohr	Feder	Faust	½ Ell.	½ Ell.	Vierradbremse		Belieb.	Schnecke	Drahtsp.	820×135	—	—
Hanomag	Bosch	Hand	Einscheib.	im Block	4	Rechts	—	Kette	Feder	Schubst.	Feder	2 Querfed.	Schraubf.	Hint. rd.	Hint. rd.	Rechts	Schnecke	Holz	26×3"	1010	1920
Hansa P	Versch.	Hand	Lamell. trock.	Wag. mitte	4	Mitten	2-Gewebe	Spiralr.	Feder	Feder	Gabel	½ Ell.	½ Ell.	Vierradbremse		Links	Spindel	Stahl	820×120	1400	3800
Hansa-Lloyd H	Bosch	Hand	Lamell. trock.	Wag. mitte	4	Mitten	1-Metall	Spiralr.	Rohr	Rohr	Faust	½ Ell.	½ Ell.	Getriebe	Hint. rd	Links	Spindel	Stahl	935×135	1415	3800
Hataz A	Bosch	Autom.	Led. Konus	Wag. mitte	3	Rechts	1-Metall	Kegelr.	Rohr	Feder	Faust	½ Ell.	½ Ell.	Hint. rd.	Hint. rd.	Rechts	Schnecke	Drahtsp.	710×90	1200	2200
Heim 8/40	Bosch	Autom.	Led. Konus	Wag. mitte	3	Rechts	1-Gewebe	Kegelr.	Rohr	Feder	Faust	Querfed.	½ Ell.	Getriebe	Hint. rd.	Rechts	Spindel	Holz	765×120	1350	2600
Heim 9/60	Bosch	Autom.	Led. Konus	Wag. mitte	3	Rechts	1-Gewebe	Kegelr.	Rohr	Feder	Faust	Querfed.	½ Ell.	Vierradbremse		Rechts	Spindel	Holz	765×120	1350	3000
Helios H 2	Bosch	Fest	Led. Konus	im Block	3	Mitten	2-Metall	Kegelr.	Feder	Feder	Faust	½ Ell.	½ Ell.	Hint. rd.	Hint. rd.	Rechts	Spindel	Scheiben	26×3"	1100	2200
Hildebrand	Eisem.	Autom.	Led. Konus	Wag. mitte	4	Lenkrd.	2-Gewebe	Kegelr.	Feder	Schubst.	Faust	½ Ell.	Ausleg.	Getriebe	Hint. rd.	Rechts	Schnecke	Stahl	710×100	1100	2700
Horch 10 M 21	Bosch	Hand	Lamell. Oel	im Block	4	Rechts	1-Metall	Spiralr.	Rohr	Rohr	Faust	½ Ell.	½ Ell.	Vierradbremse		Rechts	Schnecke	Stahl	820×135	1420	3300
Koco H K IV	Bosch	Fest	Einscheib.	Hint. achse	2	Mitten	—	Kette	Feder	Schubst.	Faust	½ Ell.	½ Ell.	Hint. rd.	Hint. rd.	Rechts	Special	Holz	710×90	1160	2400
Koco H K V	Bosch	Fest	Einscheib.	Hint. achse	2	Mitten	—	Kette	Feder	Schubst.	Faust	½ Ell.	½ Ell.	Hint. rd.	Hint. rd.	Rechts	Special	Holz	710×90	1160	2400
Körting F/B D	Bosch	Autom.	Einscheib.	im Block	3	Mitten	1-Gewebe	Kegelr.	Rohr	Schubst.	Faust	½ Ell.	Ausleg.	Getriebe	Hint. rd.	Links	Spindel	Holz	765×105	1270	2963
Körting H/C B	Bosch	Autom.	Einscheib.	im Block	3	Mitten	1-Gewebe	Kegelr.	Rohr	Schubst.	Faust	½ Ell.	Ausleg.	Getriebe	Hint. rd.	Links	Spindel	Holz	765×105	1270	2963
Komet H B 2	S. & H.	Fest	Asb. Konus	im Block	3	Mitten	1-Metall	Schnecke	Rohr	Schubst.	Faust	½ Ell.	½ Ell.	Hint. rd.	Hint. rd.	Rechts	Spindel	Scheiben	710×90	1100	2500
Komnick C 2	Bosch	Hand	Einscheib.	Wag. mitte	3	Mitten	1-Gewebe	Spiralr.	Rohr	Rohr	Gabel	½ Ell.	Ausleg.	Vierradbremse		Rechts	Schnecke	Scheiben	815×120	1360	3200
Leichtauto A 25	Versch.	Hand	Einscheib.	im Block	2	Mitten	—	Riemen	Feder	Schubst.		Spezial	Spezial	Hint. rd.	Hint. rd.	Links	Special	Scheiben	610×85	1000	2100
Leichtauto B 25	Versch.	Hand	Einscheib.	Wag. mitte	3	Mitten	—	Kette	Feder	Schubst.	—	Spezial	Spezial	Hint. rd.	Hint. rd.	Links	Special	Scheiben	610×85	1000	2100
Leifa Rohöl	Fischer	Fest	Asb. Konus	im Block	3	Mitten	2-Metall	Kegelr.	Feder	Feder	Faust	½ Ell.	½ Ell.	Hint. rd.	Hint. rd.	Links	Schnecke	Scheiben	710×90	1100	2200
Ley U 2	Bosch	Autom.	Lamell. trock.	im Block	4	Rechts	1-Metall	Kegelr.	Rohr	Rohr	Gabel	½ Ell.	½ Ell.	Getriebe	Hint. rd.	Rechts	Schnecke	Holz	820×135	1300	2[illegible]0
Ley M 8	Bosch	Autom.	Lamell. trock.	im Block	4	Rechts	2-Gewebe	Spiralr.	Feder	Feder	Faust	½ Ell.	½ Ell.	Getriebe	Hint. rd.	Rechts	Schnecke	Holz	765×105	1300	3000
Ley T 6	Bosch	Autom.	Lamell. trock.	im Block	4	Rechts	1-Metall	Kegelr.	Rohr	Rohr	Faust	½ Ell.	½ Ell.	Getriebe	Hint. rd.	Rechts	Spindel	Holz	765×105	1140	2660
Lipsia	S. & H.	Hand	Asb. Konus	im Block	3	Mitten	1-Metall	Spiralr.	Rohr	Rohr	Faust	½ Ell.	½ Ell.	Hint. rd.	Hint. rd.	Links	Spindel	Drahtsp.	765×120	1300	2600
Luther & Heyer	S. & H.	Fest	Asb. Konus	Wag. mitte	3	Mitten	2-Gewebe	Kegelr.	Feder	Feder	Faust	½ Ell.	D ½ Ell.	Hint. rd.	Hint. rd.	Rechts	Schnecke	Drahtsp.	715×115	1080	2350
Lux S 5	Bosch	Fest	Lamell. Oel	im Block	3	Rechts	2-Gewebe	Kegelr.	Feder	Feder	Faust	½ Ell.	½ Ell.	Hint. rd.	Hint. rd.	Rechts	Spindel	Drahtsp.	760×100	1140	2500
Magnet K	Bosch	Fest	Asb. Konus	Wag. mitte	3	Mitten	1-Metall	Kegelr.	Rohr	Rohr	Gabel	Querfed.	Ausleg.	Hint. rd.	Hint. rd.	Links	Schnecke	Scheiben	26×3"	1000	23[illegible]0
Maja	Bosch	Hand	Led. Konus	im Block	3	Rechts	2-Metall	Kegelr.	Feder	Feder	Faust	½ Ell.	½ Ell.	Hint. rd.	Hint. rd.	Rechts	Special	Scheiben	26×3"	1050	[illegible]500
Maurer	Bosch	Hand	Lamell. trock.	Wag. mitte	3	Mitten	—	Kette	Feder	Schubst.	Gabel	½ Ell.	½ Ell.	Hint. rd.	Hint. rd.	Links	Zahnst.	Scheiben	26×2½"	1100	2000
Mauser	Bosch	Autom.	Einscheib.	Wag. mitte	3	Mitten	1-Metall	Spiralr.	Rohr	Rohr	Gabel	Querfed.	Ausleg.	Getriebe	Hint. rd.	Links	Schnecke	Scheiben	710×100	1220	2650
Maybach	Bosch	Autom.	Maybach	im Block	2	Ohne	1-Metall	Spiralr.	Rohr	Rohr	Faust	½ Ell.	½ Ell.	Vierradbremse		Rechts	Spindel	Scheiben	8[illegible]5×150	1480	3660
Mayr	Bosch	Hand	Einscheib.	Hint. achse	Reibradgetriebe		—	Kette	Feder	Feder	Gabel	Schraub.	½ Ell.	Getriebe	Hint. rd.	Links	Zahnst.	Drahtsp.	26×2½"	1000	2400
Mercedes Knight	Bosch	Hand	Dopp. Konus	Wag. mitte	4	Rechts	1-Metall	Kegelr.	Rohr	Schubst.	Faust	½ Ell.	½ Ell.	Vierradbremse		Rechts	Spindel	Holz	895×135	1400	3250
Mercedes 28/95	Bosch	Hand	Dopp. Konus	Wag. mitte	4	Rechts	1-Metall	Kegelr.	Rohr	Schubst.	Faust	½ Ell.	½ Ell.	Vierradbremse		Rechts	Spindel	Holz	895×135	1400	3370
Mercedes 10/65 Gebläse	Bosch	Hand	Dopp. Konus	Wag. mitte	4	Rechts	1-Metall	Spiralr.	Rohr	Schubst.	Faust	½ Ell.	Ausleg.	Vierradbremse		Rechts	Spindel	Holz	820×120	1400	3050

Anmerkung: Alle Wagen außer einigen Kleinautos besitzen elektr. Licht und Anlaßanlagen

(Schluß folgt.)

ALLGEMEINE AUTOMOBIL-ZEITUNG 7. März 1925 / Nr. 10

Deutsche Personenwagen 1925.

(Schluß.)

Name und Modell	Motor: Steuer- u. Brems-Leistung PS	Drehzahl pro Minute	Zylinderzahl	Bohrung und Hub mm	Gesamt-Zylinder-Inhalt Liter	Ventil-Anordnung	Zylind.-Gußstück	Zylinder-Kopf abnehmbar?	Kolbenmaterial	Steuerwelle: Anordnung	Steuerwelle: Antrieb	Zahl u. Art der Wellenlager	Art der Schmierung	Art der Ölpumpe	Kühlung	Normaler Vergaser	Brennstoffzuführung	Zündung: Art	Zündung: Betätigt durch	Kraftübertragung: Kupplung	Getriebe: Anordnung	Zahl der Vorw.-Gänge	Stellung des Schalthebels	Zahl und Art der Kardangelenke	Hinterachsantrieb	Hinterachs-Abstützung: Drehmoment aufgen. durch	Achsschub aufgen. durch	Laufwerk: Art der Vorderachse	Federn: Vorn	Federn: Hinten	Bremsen-Anordnung: Fußbr.	Bremsen-Anordnung: Handbr.	Lenkung: Anordnung	Lenkung: Bauart	Normale Wagenräder	Reifengröße mm	Spurweite mm	Radstand mm
Mercedes 15/100 Gebläse	15/70/100	—	6	80×130	3.92	Häng. Kopf	1 Block	Ja	Alum.	Zyl. Kopf	Schraub. rd.	4-Gleit.	Dr. Uml.	Zahnr. u. Kolb.	Pumpe	Mercedes	Unterdr.	Bosch	Hand	Einscheib.	im Block	4	Mitten	1-Metall	Spiralr.	Rohr	Rohr	Faust	½ Ell.	Ausleg.	Vierradbremse		Rechts	Spindel	Drahtsp.	895×135	1430	3630
Mercedes 24/140 Gebläse	24/100/140	—	6	94×150	6.24	Häng. Kopf	1 Block	Ja	Alum.	Zyl. Kopf	Schraub. rd.	4-Gleit.	Dr. Uml.	Zahnr. u. Kolb.	Pumpe	Mercedes	Unterdr.	Bosch	Hand	Einscheib.	im Block	4	Mitten	1-Metall	Spiralr.	Rohr	Rohr	Faust	½ Ell.	Ausleg.	Vierradbremse		Rechts	Spindel	Drahtsp.	895×135	14[illegible]0	3750
Möck Gebr. 2 S	5/20	2200	4	65×88	1.38	Eins. sthd.	1 Block	Nein	Alum.	Kurb. Kast.	Stirnräd.	3-Gleit.	Umlauf	Zahnr.	Thermo	Schlee	Gefälle	S. & H.	Hand	Led. Konus	Wag. mitte	4	Lenkrd.	2-Gewebe	Kegelr.	Feder	Feder	Gabel	½ Ell.	½ Ell.	Getriebe	Hint. rd.	Rechts	Schnecke	Drahtsp.	710×90	1150	2700
Mölkamp CI	10/30	3000	6	72×112	2.59	Häng. Kopf	1 Block	Ja	Alum.	Zyl. Kopf	Schraub. rd.	4 Rollen	Dr. Uml.	Exzent.	Thermo	Zenith	Unterdr.	Bosch	Hand	Lamell. Oel	im Block	4	Mitten	1-Gewebe	Spiralr.	Rohr	Rohr	Faust	½ Ell.	½ Ell.	Vierradbremse		Rechts	Spindel	Scheiben	820×135	1400	3480
Mölkamp-Ceirane	6/30	3000	4	65×110	1.64	Häng. Kopf	1 Block	Ja	Alum.	Kurb. Kast.	Stirnräd.	3-Gleit.	Dr. Uml.	Zahnr.	Pumpe	Zenith	Gefälle	Bosch	Hand	Einscheib.	im Block	4	Mitten	1-Metall	Kegelr.	Rohr	Rohr	Faust	½ Ell.	½ Ell.	Vierradbremse		Rechts	Schnecke	Drahtsp.	765×90	1400	2600
Moll 6/30	6/30	2500	4	70×100	1.53	Häng. Kopf	1 Block	Ja	Alum.	Zyl. Kopf	Schraub. rd.	3-Kugel	Dr. Uml.	Exzent.	Thermo	Zenith	Gefälle	S. & H.	Autom.	Asb. Konus	Wag. mitte	4	Mitten	1-Metall	Spiralr.	Rohr	Feder	Gabel	½ Ell.	½ Ell.	Hint. rd.	Hint. rd.	Rechts	Schnecke	Holz	760×90	1400	3000
Mollmobil	0.97/3	3000	1	60×60	0.17	Zweitakt	—	Nein	Gußeis.	—	—	2-Kugel	Mischöl	—	Luft	Meco	Gefälle	[illegible]-Mag.	Hand	Asb. Konus	Wag. mitte	4	Mitten	—	Kette	Feder	Schubst.	Feder	2 Querfed.	½ Ell.	Getriebe	Hint. rd.	Mitten	Kabel	Drahtsp.	26×2½"	900	1050
Mops Dreirädr.	1.35/11	3800	1	72×86	0.[illegible]5	Häng. Kopf	—	Ja	Titanal	Kurb. Kast.	Stirnräd.	2-Rollen	Umlauf	Zahnr.	Luft	Solex	Gefälle	Fischer	Hand	Einscheib.	Wag. mitte	3	Mitten	Kette auf Hinterrad			—	Faust	½ Ell.	½ Ell.	Getriebe	Hint. rd.	Rechts	Kabel	Scheiben	27×3½"	1200	2300
Morgan	2/12	[illegible]500	2	65×75	0.50	Häng. Kopf	Einzeln	Ja	Gußeis.	Kurb. Kast.	Schraub. rd.	2-Kugel	Umlauf	Zahnr.	Thermo	Versch.	Gefälle	Versch.	Hand	Asb. Konus	Bl. d. Hintach.	3	Mitten	Ohne	Kegelr.	Feder	Feder	—	½ Ell.	Ausleg.	Hint. rd.	Hint. rd.	Belieb.	Special	Drahtsp.	710×100	1250	2760
Nowa GT	5/18	2300	4	64×98	1.30	Eins. sthd.	1 Block	Nein	Alum.	Kurb. Kast.	Stirnräd.	3-Gleit.	Umlauf	Zahnr.	Thermo	Versch.	Gefälle	Versch.	Autom.	Einscheib.	im Block	3	Mitten	1-Metall	Kegelr.	Rohr	Feder	Faust	½ Ell.	½ Ell.	Hint. rd.	Hint. rd.	Links	Spindel	Scheiben	710×100	1150	2500
NAG C4	10/30	2400	4	83×118	2.55	Eins. sthd.	1 Block	Nein	Gußeis.	Kurb. Kast.	Kette	3-Gleit.	Dr. Uml.	Zahnr.	Thermo	Versch.	Unterdr.	Bosch	Autom.	Led. Konus	Wag. mitte	4	Rechts	1-Metall	Spiralr.	Rohr	Schubst.	Gabel	½ Ell.	½ Ell.	Getriebe	Hint. rd.	Rechts	Spindel	Stahl	820×135	1[illegible]50	3200
NAG C4I	10/40	800	4	83×118	2.[illegible]5	Eins. sthd.	1 Block	Nein	Gußeis.	Kurb. Kast.	Stirnräd.	3-Gleit.	Dr. Uml.	Zahnr.	Thermo	Versch.	Gefälle	Bosch	Hand	Led. Konus	Wag. mitte	4	Rechts	1-Metall	Spiralr.	Rohr	Schubst.	Gabel	½ Ell.	½ Ell.	Getriebe	Hint. rd.	Rechts	Spindel	Drahtsp.	820×120	1350	3200
NAG D4	10/42	2400	4	78×136	2.60	Häng. Kopf	1 Block	Ja	Gußeis.	Zyl. Kopf	Kette	3-Gleit.	Dr. Uml.	Zahnr.	Pumpe	Versch.	Unterdr.	Bosch	Hand	Asb. Konus	Wag. mitte	4	Rechts	1-Metall	Spiralr.	Rohr	Rohr	Faust	½ Ell.	½ Ell.	Vierradbremse		Rechts	Spindel	Stahl	820×135	1350	3300
NSM 5/15	5/15	2200	4	66×90	1.23	Eins. sthd.	1 Block	Nein	Gußeis.	Kurb. Kast.	Stirnräd.	3-Gleit.	Umlauf	Zahnr.	Thermo	Zenith	Unterdr.	Bosch	Fest	Led. Konus	Wag. mitte	4	Rechts	2-Metall	Kegelr.	Feder	Feder	Faust	½ Ell.	½ Ell.	Getriebe	Hint. rd.	Rechts	Spindel	Holz	710×90	1150	2496
NSU 8/24	8/24	2100	4	78×110	2.09	Eins. sthd.	1 Block	Nein	Gußeis.	Kurb. Kast.	Stirnräd.	3-Gleit.	Dr. Uml.	Zahnr.	Thermo	Zenith	Unterdr.	Bosch	Hand	Lamell. Oel	Wag. mitte	4	Rechts	2-Metall	Kegelr.	Feder	Feder	Faust	½ Ell.	¾ Ell.	Getriebe	Hint. rd.	Rechts	Spindel	Holz	815×105	1250	3026
NSU 14/40	14/40	2100	4	94×130	3.86	Eins. sthd.	2 Block	Nein	Gußeis.	Kurb. Kast.	Stirnräd.	3-Gleit.	Dr. Uml.	Zahnr.	Thermo	Zenith	Unterdr.	Bosch	Hand	Lamell. Oel	Wag. mitte	4	Rechts	2-Metall	Kegelr.	Feder	Feder	Faust	½ Ell.	¾ Ell.	Getriebe	Hint. rd.	Rechts	Spindel	Holz	880×120	1375	3200
Omikron	4/16	3000	4	60×90	1.016	Eins. sthd.	1 Block	Nein	Alum.	Kurb. Kast.	Stirnräd.	3-Gleit.	Umlauf	Zahnr.	Thermo	Solex	Gefälle	Mea	Autom.	Einscheib.	Wag. mitte	3	Mitten	1-Metall	Kegelr.	Rohr	Feder	Faust	½ Ell.	Ausleg.	Hint. rd.	Hint. rd.	Links	Schnecke	Drahtsp.	710×100	970	2[illegible]20
Onnasch Dreirädr.	0.74/3	3600	1	50×60	0.129	Zweitakt	—	Ja	Gußeis.	ohne	—	2-Kugel	Mischöl	—	Thermo	Pallas	Gefälle	[illegible]-Mag.	Autom.	Einscheib.	im Block	2	Rechts	—	Riemen	Feder	Feder	—	Spezial	Spezial	Hint. rd.	Hint. rd.	Rechts	Kabel	Drahtsp.	23×2"	1100	[illegible]500
Onnasch 2	2/75	3000	2	—	0.35	Eins. sthd.	Gegenl.	Ja	Gußeis.	Kurb. Kast.	Stirnräd.	2-Rollen	Dr. Uml.	Zahnr.	Thermo	Special	Gefälle	Bosch	Hand	Einscheib.	Wag. mitte	3	Mitten	—	Kette	Feder	Feder	Faust	Spezial	Spezial	Hint. rd.	Hint. rd.	Rechts	Kabel	Drahtsp.	26×2½"	1350	2600
Opel 30/80	30/80	1600	6	105×150	7.80	Eins. sthd.	2 Block	Nein	—	Kurb. Kast.	Schraub. rd.	7-Gleit.	Dr. Uml.	Zahnr.	Pumpe	Opel	Druck	Bosch	Hand	Led. Konus	Wag. mitte	4	Rechts	1-Metall	Spiralr.	Rohr	Schubst.	Faust	½ Ell.	Ausleg.	Getriebe	Hint. rd.	Rechts	Spindel	Stahl	935×135	1400	3750
Opel 21/60	21/60	1800	6	96×130	5.60	Eins. sthd.	1 Block	Nein	—	Kurb. Kast.	Schraub. rd.	4-Gleit.	Dr. Uml.	Zahnr.	Pumpe	Opel	Druck	Bosch	Hand	Led. Konus	Wag. mitte	4	Rechts	1-Metall	Spiralr.	Rohr	Schubst.	Faust	½ Ell.	Ausleg.	Getriebe	Hint. rd.	Rechts	Spindel	Stahl	8[illegible]5×135	1400	3515
Opel 14/48	14/48	1900	4	90×135	3.40	Eins. sthd.	1 Block	Nein	—	Kurb. Kast.	Schraub. rd.	3-Gleit.	Dr. Uml.	Zahnr.	Pumpe	Opel	Druck	Bosch	Hand	Led. Konus	Wag. mitte	4	Rechts	1-Metall	Spiralr.	Rohr	Schubst.	Faust	½ Ell.	Ausleg.	Getriebe	Hint. rd.	Rechts	Schnecke	Stahl	820×120	1400	3362
Opel 10/35	10/35	2300	4	82×122	2.60	Eins. sthd.	1 Block	Nein	—	Kurb. Kast.	Schraub. rd.	3-Gleit.	Dr. Uml.	Zahnr.	Pumpe	Opel	Druck	Bosch	Hand	Led. Konus	Wag. mitte	4	Rechts	2-Metall	Spiralr.	Feder	Feder	Faust	½ Ell.	½ Ell.	Getriebe	Hint. rd.	Rechts	Schnecke	Stahl	820×120	1270	3150
Opel 4/14	4/14	—	4	58×90	0.94	Eins. sthd.	1 Block	Ja	—	Kurb. Kast.	Stirnräd.	2-Gleit.	Umlauf	Zahnr.	Thermo	—	Gefälle	Bosch	Autom.	Einscheib.	im Block	3	Mitten	1-Gewebe	Kegelr.	Rohr	Feder	Faust	½ Ell.	½ Ell.	Getriebe	Hint. rd.	Rechts	Schnecke	Scheiben	700×80	1175	2255
Peer Gynt	1/5	3500	1	—	0.25	Zweitakt	—	Nein	Gußeis.	ohne	—	2-Kugel	Mischöl	—	Luft	Pallas	Gefälle	Mea	Autom.	Konus	im Block	2	Mitten	—	Riemen	Feder	Feder	Faust	½ Ell.	½ Ell.	Hint. rd.	Hint. rd.	Rechts	Kabel	Drahtsp.	26×2½"	1200	2750
Peter & Moritz M 24	5/22	2200	2	84×118	1.30	Eins. sthd.	Gegenl.	Nein	Elektron	Kurb. Kast.	Stirnräd.	2-Rollen	Umlauf	Kolben	Thermo	Solex	Gefälle	Bosch	Hand	Lamell. Oel	im Block	2	Mitten	1-Gewebe	Schnecke	Rohr	Rohr	Faust	2-½ Ell.	Ausleg.	Hint. rd.	Hint. rd.	Rechts	Schnecke	Stahl	710×100	1050	2995
Phänomobil Dreirädr.	6/12	1400	4	74×90	1.54	Eins. sthd.	Einzeln	Nein	Gußeis.	Kurb. Kast.	Stirnräd.	3-Kugel	Umlauf	Kolben	Luft	Versch.	Druck	Bosch	Hand	Met. Konus	im Block	2	Lenkst.	—	Kette			—	Schraubf.	½ Ell.	Hint. rd.	Hint. rd.	Mitten	Direkt	Stahl	710×100	1360	2800
Phänomen 10/30	10/30	1800	4	80×130	2.[illegible]1	Eins. sthd.	1 Block	Nein	Gußeis.	Kurb. Kast.	Kette	3-Kugel	Dr. Uml.	Zahnr.	Thermo	Versch.	Unterdr.	Bosch	Hand	Led. Konus	Wag. mitte	4	Rechts	1-Metall	Kegelr.	Rohr	Rohr	Gabel	½ Ell.	½ Ell.	Getriebe	Hint. rd.	Rechts	Spindel	Holz	820×135	1375	3250
Phänomen 16/45	16/45	1800	4	97×140	4.13	Eins. sthd.	1 Block	Nein	Gußeis.	Kurb. Kast.	Kette	3-Kugel	Dr. Uml.	Zahnr.	Pumpe	Versch.	Unterdr.	Bosch	Hand	Led. Konus	Wag. mitte	4	Rechts	1-Metall	Kegelr.	Rohr	Rohr	Gabel	½ Ell.	½ Ell.	Getriebe	Hint. rd.	Rechts	Spindel	Holz	880×135	1375	3250
Phänomen 12/50	12/50	3000	4	85×135	3.13	Häng. Kopf	1 Block	Ja	Alum.	Zyl. Kopf	Kegelräd.	3-Gleit.	Dr. Uml.	Zahnr.	Pumpe	Versch.	Unterdr.	Bosch	Hand	Einscheib.	im Block	4	Mitten	1-Metall	Spiralr.	Rohr	Rohr	Faust	½ Ell.	½ Ell.	Vierradbremse		Rechts	Spindel	Drahtsp.	33×4½"	1400	3300
Pilot 6/22	6/30	3000	4	69×100	1.49	Häng. Kopf	1 Block	Ja	Alum.	Zyl. Kopf	Schraub. rd.	3-Gleit.	Dr. Uml.	Exzent.	Thermo	Zenith	Unterdr.	Bosch	Autom.	Einscheib.	im Block	4	Rechts	1-Metall	Spiralr.	Rohr	Rohr	Faust	½ Ell.	Ausleg.	Hint. rd.	Hint. rd.	Rechts	Schnecke	Drahtsp.	710×90	1200	2600
Pluto	4/22	28[illegible]0	4	58×90	0.97	Eins. sthd.	1 Block	Nein	Alum.	Kurb. Kast.	Stirnräd.	2-Gleit.	Dr. Uml.	ohne	Thermo	Solex	Gefälle	Bosch	Fest	Einscheib.	im Block	3	Mitten	1-Gewebe	Kegelr.	Rohr	Feder	Faust	½ Ell.	½ Ell.	Hint. rd.	Hint. rd.	Rechts	Schnecke	Drahtsp.	700×80	1050	2350
Presto D	9/35	2000	4	78×1[illegible]3	2.3[illegible]	Eins. sthd.	1 Block	Nein	Elektron	Kurb. Kast.	Stirnräd.	3-Gleit.	Dr. Uml.	Exzent.	Thermo	Zenith	Unterdr.	Eisem.	Autom.	Lamell. Oel	Wag. mitte	4	Rechts	2-Metall	Spiralr.	Feder	Schubst.	Faust	½ Ell.	½ Ell.	Getriebe	Hint. rd.	Rechts	Spindel	Drahtsp.	820×120	1380	3100
Protos CI	10/45	2400	4	80×130	2.61	Häng. Kopf	1 Block	Ja	Alum.	Kurb. Kast.	Kette	3-Gleit.	Dr. Uml.	Zahnr.	Thermo	Zenith	Unterdr.	Bosch	Autom.	Dopp. Konus	Wag. mitte	4	Rechts	1-Metall	Spiralr.	Rohr	Feder	Faust	½ Ell.	½ Ell.	Getriebe	Hint. rd.	Rechts	Schnecke	Stahl	820×120	1350	3300
Rabag	6/20	2200	4	68×100	1.45	Häng. Kopf	1 Block	Nein	Elektron	Zyl. Kopf	Kegelräd.	3-Gleit.	Dr. Uml.	Zahnr.	Pumpe	Zenith	Druck	Bosch	Hand	Lamell. Oel	Wag. mitte	4	Rechts	2-Metall	Spiralr.	Strebe	Feder	Faust	½ Ell.	Ausleg.	Getriebe	Hint. rd.	Rechts	Spindel	Drahtsp.	710×90	1100	2550
Renfert	3/12	—	2	—	—	Zweitakt	1 Block	Nein	Gußeis.	ohne	—	2-Gleit.	Umlauf	—	Thermo	Versch.	Gefälle	Bosch	Fest	Asb. Konus	im Block	2	Rechts	2-Gewebe	Kegelr.	Feder	Feder	Faust	½ Ell.	½ Ell.	Hint. rd.	Hint. rd.	Rechts	Spindel	Scheiben	26×3"	1050	2400
Rhemag	4/24	—	4	62×86	1.04	Häng. Kopf	1 Block	Ja	Alum.	Zyl. Kopf	Kegelräd.	3-Gleit.	Dr. Uml.	Zahnr.	Pumpe	Zenith	Gefälle	Bosch	Autom.	Lamell. Oel	im Block	3	Mitten	1-Gewebe	Spiralr.	Rohr	Rohr	Faust	½ Ell.	½ Ell.	Vierradbremse		Rechts	Schnecke	Drahtsp.	710×90	1150	2500
Rumpler 4A 106	10/50	2000	4	80×130	2.60	Häng. Kopf	1 Block	Ja	Gußeis.	Kurb. Kast.	Kette	3-Gleit.	Dr. Uml.	2 Zahnr.	Pumpe	Versch.	Unterdr.	Bosch	Hand	Lamell. Oel	Block Hintachs.	3	Mitten	Ohne	Kegelr.	Strebe	Feder	Faust	Ausleg.	Ausleg.	Getriebe	Hint. rd.	Links	Spindel	Drahtsp.	820×135	1350	3340
S. B.	1/35	—	1	60×60	0.17	Zweitakt	—	Nein	Alum.	—	—	2-Kugel	Mischöl	—	Luft	Versch.	Gefälle	—	—	Planeten	Hint. achse	2	Links	—	Kette	Feder	Feder	Gabel	Querfed.	Querfed.	Getriebe	Hint. rd.	Mitten	Spindel	Drahtsp.	26×2"	1000	2000
Schütte-Lanz	4/14	2300	4	62×86	1.04	Eins. sthd.	1 Block	Nein	Alum.	Kurb. Kast.	Schraub. rd.	2-Gleit.	Dr. Uml.	Zahnr.	Thermo	Sum	Gefälle	Bosch	Fest	Einscheib.	Wag. mitte	3	Mitten	2-Gewebe	Spiralr.	Feder	Schubst.	Special	½ Ell.	½ Ell.	Getriebe	Hint. rd.	Links	Schnecke	Scheiben	710×90	1[illegible]50	3100
Schuricht	5/18	4000	4	65×98	1.32	Eins. sthd.	1 Block	Nein	Alum.	Kurb. Kast.	Stirnräd.	3-Gleit.	Dr. Uml.	Exzent.	Thermo	Zenith	Gefälle	Bosch	Fest	Lamell. Oel	Wag. mitte	4	Stirnwd.	1-Metall	Kegelr.	Rohr	Schubst.	Gabel	½ Ell.	Ausleg.	Getriebe	Hint. rd.	Rechts	Schnecke	Scheiben	710×100	1100	2800
Seidel	5/20	3600	2	86×95	1.08	Häng. Kopf	1 Block	Nein	Alum.	Kurb. Kast.	Stirnräd.	2-Kugel	Umlauf	Zahnr.	Thermo	Solex	Gefälle	Bosch	Fest	Lamell. Oel	Hint. achse	3	Mitten	2-Metall	Spiralr.	Feder	Feder	Feder	Querfed.	Querfed.	Vierradbremse		Mitten	Schnecke	Drahtsp.	30×3½"	1350	3000
Seidel	4/20	3000	2	85×85	0.96	Häng. Kopf	1 Block	Nein	Alum.	Kurb. Kast.	Stirnräd.	2-Kugel	Umlauf	Zahnr.	Thermo	Solex	Gefälle	Bosch	Fest	Lamell. Oel	Hint. achse	3	Mitten	2-Metall	Spiralr.	Feder	Feder	Feder	Querfed.	Querfed.	Vierradbremse		Mitten	Schnecke	Drahtsp.	760×90	1350	3030
Selve 8/32	8/40	2800	4	81.5×100	2.[illegible]8	Eins. sthd.	1 Block	Nein	Alum.	Kurb. Kast.	Kette	3-Gleit.	Dr. Uml.	Zahnr.	Thermo	Solex	Gefälle	Bosch	Hand	Asb. Konus	Wag. mitte	4	Rechts	1-Metall	Spiralr.	Rohr	Rohr	Gabel	½ Ell.	Ausleg.	Getriebe	Hint. rd.	Rechts	Schnecke	Stahl	820×130	1300	3150
Simson Po	6/22	2000	4	78×102	1.50	Übereinand.	1 Block	Nein	Alum.	Kurb. Kast.	Kette	3-Gleit.	Dr. Uml.	Zahnr.	Thermo	Versch.	Unterdr.	Versch.	Hand	Lamell. Oel	Wag. mitte	4	Rechts	1-Gewebe	Spiralr.	Rohr	Rohr	Faust	½ Ell.	½ Ell.	Getriebe	Hint. rd.	Rechts	Spindel	Holz	760×100	1250	2650
Simson Co	10/40	2000	4	80×130	2.6	Übereinand.	1 Block	Nein	Alum.	Kurb. Kast.	Kette	3-Gleit.	Dr. Uml.	Zahnr.	Thermo	Versch.	Unterdr.	Versch.	Hand	Lamell. Oel	Wag. mitte	4	Rechts	1-Gewebe	Spiralr.	Rohr	Rohr	Faust	½ Ell.	½ Ell.	Getriebe	Hint. rd.	Rechts	Spindel	Holz	820×135	1350	3150
Simson Do	14/55	2000	4	90×140	3.50	Übereinand.	1 Block	Nein	Alum.	Kurb. Kast.	Kette	3-Gleit.	Dr. Uml.	Zahnr.	Pumpe	Versch.	Unterdr.	Versch.	Hand	Lamell. Oel	Wag. mitte	4	Rechts	1-Gewebe	Spiralr.	Rohr	Rohr	Faust	½ Ell.	½ Ell.	Getriebe	Hint. rd.	Rechts	Spindel	Holz	880×135	1350	3100
Simson S	8/40	2500	4	70×128	2.00	Häng. Kopf	1 Block	Ja	Elektron	Zyl. Kopf	Kegelräd.	3-Rollen	Dr. Uml.	2 Zahnr.	Pumpe	Versch.	Unterdr.	Versch.	Hand	Einscheib.	im Block	4	Mitten	1-Metall	Spiralr.	Feder	Rohr	Faust	½ Ell.	½ Ell.	Vierradbremse		Rechts	Spindel	Drahtsp.	765×120	1320	3000
Simson So	8/35	2500	4	70×128	2.00	Häng. Kopf	1 Block	Ja	Elektron	Zyl. Kopf	Kegelräd.	3-Rollen	Dr. Uml.	2 Zahnr.	Pumpe	Versch.	Unterdr.	Versch.	Hand	Einscheib.	im Block	4	Mitten	1-Metall	Spiralr.	Feder	Rohr	Faust	½ Ell.	½ Ell.	Vierradbremse		Rechts	Spindel	Drahtsp.	765×120	13[illegible]0	3000
Sphinx KP	5/22	2000	4	64.5×100	1.30	Häng. Kopf	1 Block	Ja	Elektron	Kurb. Kast.	Kette	3-Gleit.	Dr. Uml.	Zahnr.	Thermo	Zenith	Gefälle	Mea	Hand	Asb. Konus	Wag. mitte	4	Rechts	1-Gewebe	Kegelr.	Rohr	Rohr	Gabel	½ Ell.	½ Ell.	Hint. rd.	Hint. rd.	Rechts	Schnecke	Holz	710×100	1150	2505
Spinell	1.35/12	3900	1	70×90	0.35	Häng. Kopf	—	Ja	Alum.	Zyl. Kopf	Kegelräd.	2-Kugel	Umlauf	Zahnr.	Luft	Pallas	Gefälle	S. & H.	Hand	Einscheib.	Wag. mitte	3	Rechts	—	Kette	Feder	Feder	Faust	½ Ell.	½ Ell.	Hint. rd.	Hint. rd.	Rechts	Kette	Drahtsp.	26×3"	1100	2400
Steiger PA	10/50	2400	4	72×160	2.61	Häng. Kopf	1 Block	Nein	Alum.	Zyl. Kopf	Kegelräd.	2-Kugel	Dr. Uml.	Zahnr.	Pumpe	Zenith	Unterdr.	Bosch	Hand	Einscheib.	im Block	4	Belieb.	1-Metall	Kegelr.	Rohr	Feder	Gabel	½ Ell.	Ausleg.	Vierradbremse		Rechts	Spindel	Drahtsp.	8[illegible]0×120	1350	3000
Stoewer D 9	9/32	2100	4	78×120	2.29	Eins. sthd.	1 Block	Nein	Gußeis.	Kurb. Kast.	Kette	3-Gleit.	Dr. Uml.	Zahnr.	Pumpe	Zenith	Unterdr.	Bosch	Hand	Asb. Konus	Wag. mitte	4	Rechts	1-Metall	Spiralr.	Rohr	Rohr	Gabel	½ Ell.	½ Ell.	Getriebe	Hint. rd.	Rechts	Spindel	Holz	815×105	1300	2950
Stoewer D 12	12/44	2200	6	75×118	3.13	Eins. sthd.	1 Block	Nein	Gußeis.	Kurb. Kast.	Kette	4-Gleit.	Dr. Uml.	Zahnr.	Pumpe	Zenith	Unterdr.	Bosch	Hand	Asb. Konus	Wag. mitte	4	Rechts	1-Metall	Spiralr.	Rohr	Rohr	Gabel	½ Ell.	½ Ell.	Getriebe	Hint. rd.	Rechts	Spindel	Holz	820×120	1[illegible]60	3325
Stoewer D 10/50	10/50	3000	4	83×120	2.60	Eins. sthd.	1 Block	Nein	Alum.	Kurb. Kast.	Stirnräd.	3-Gleit.	Dr. Uml.	Zahnr.	Pumpe	Zenith	Unterdr.	Bosch	Hand	Asb. Konus	Wag. mitte	4	Rechts	1-Metall	Spiralr.	Rohr	Rohr	Gabel	½ Ell.	½ Ell.	Getriebe	Hint. rd.	Rechts	Spindel	Drahtsp.	820×120	1300	2950
Thiele C 25	19/8	2000	2	62×82	0.48	Eins. sthd.	Gegenl.	Nein	Alum.	Kurb. Kast.	Stirnräd.	2-Kugel	Umlauf	Zahnr.	Luft	Versch.	Gefälle	Bosch	Hand	Lamell. Oel	Wag. mitte	3	Rechts	—	Riemen	Feder	Feder	Faust	Schraubf.	Schraubf.	Hint. rd.	Hint. rd.	Rechts	Zahnr.	Scheiben	27×4"	1050	1950
Turbo 6/25	6/25	3000	5	75×70	1.54	Häng. Kopf	Sternf.	Ja	Alum.	Kurb. Kast.	Stirnräd.	2-Kugel	Dr. Uml.	Kolben	Luft	Zenith	Gefälle	Bosch	Hand	Lamell. Oel	Wag. mitte	3	Mitten	2-Metall	Kegelr.	Schubst.	Schubst.	Faust	Schraubf.	Schraubf.	Hint. rd.	Hint. rd.	Rechts	Schnecke	Scheiben	710×90	1180	2800
Turbo 8/32	8/32	3000	5	78×82	1.9[illegible]	Häng. Kopf	Sternf.	Ja	Alum.	Kurb. Kast.	Stirnräd.	2-Kugel	Dr. Uml.	Kolben	Luft	Solex	Gefälle	Bosch	Hand	Lamell. Oel	Wag. mitte	4	Lenkrd.	2-Metall	Kegelr.	Schubst.	Schubst.	Faust	Schraubf.	Schraubf.	Getriebe	Hint. rd.	Rechts	Schnecke	Scheiben	710×100	1180	3250
Wanderer W 8	5/20	2000	4	64.5×100	1.30	Häng. Kopf	1 Block	Ja	Alum.	Kurb. Kast.	Kette	3-Gleit.	Dr. Uml.	Zahnr.	Pumpe	Versch.	Gefälle	Bosch	Fest	Led. Konus	Wag. mitte	3	Rechts	1-Metall	Spiralr.	Rohr	Rohr	Faust	½ Ell.	Ausleg.	Getriebe	Hint. rd.	Rechts	Spindel	Drahtsp.	710×100	1070	2400
Wanderer W 9	6/24	2500	4	67×110	1.55	Häng. Kopf	1 Block	Ja	Alum.	Kurb. Kast.	Kette	3-Gleit.	Dr. Uml.	Zahnr.	Pumpe	Versch.	Unterdr.	Bosch	Fest	Led. Konus	Wag. mitte	4	Rechts	1-Metall	Spiralr.	Rohr	Rohr	Faust	½ Ell.	½ Ell.	Getriebe	Hint. rd.	Rechts	Spindel	Drahtsp.	760×100	1180	2750
York II	5/15	3000	2	85×110	1.24	Häng. Kopf*)	V-Form	Ja	Alum.	Kurb. Kast.	Stirnräd.	2-Gleit.	Dr. Uml.	Kolben	Luft	Versch.	Gefälle	Versch.	Hand	Led. Konus	im Block	3	Mitten	1-Metall	Kegelr.	Rohr	Rohr	Faust	Querfed.	Ausleg.	Getriebe	Hint. rd.	Links	Schnecke	Scheiben	710×90	1100	2300
York VI	5/15	3000	6	60×70	1.01	Häng. Kopf	1 Block	Ja	Alum.	Zyl. Kopf	Kegelräd.	3-Gleit.	Dr. Uml.	Kolben	Thermo	Versch.	Gefälle	Versch.	Hand	Led. Konus	im Block	3	Mitten	1-Metall	Kegelr.	Rohr	Rohr	Faust	Querfed.	Ausleg.	Vierradbremse		Links	Schnecke	Scheiben	710×90	1100	2800
Zwerg T 2	4/14	2500	4	60×90	1.02	Eins. sthd.	1 Block	Nein	Gußeis.	Kurb. Kast.	Schraub. rd.	3-Gleit.	Umlauf	Zahnr.	Thermo	Favorit	Gefälle	Mea	Hand	Asb. Konus	Wag. mitte	3	Mitten	1-Metall	Kegelr.	Rohr	Schubst.	Faust	½ Ell.	Ausleg.	Getriebe	Hint. rd.	Rechts	Schnecke	Drahtsp.	710×90	1100	2500

Oesterreichische Personenwagen.

Name und Modell	PS	Drehzahl	Zyl.	Bohrung und Hub	Liter	Ventil-Anordnung	Zylind.-Gußstück	Zyl.-Kopf abnehmbar?	Kolbenmaterial	Steuerwelle Anordnung	Steuerwelle Antrieb	Wellenlager	Schmierung	Ölpumpe	Kühlung	Vergaser	Brennstoffzuführung	Zündung Art	Betätigt durch	Kupplung	Getriebe Anordnung	Gänge	Schalthebel	Kardangelenke	Hinterachsantrieb	Drehmoment	Achsschub	Vorderachse	Federn Vorn	Federn Hinten	Fußbr.	Handbr.	Lenkung Anordnung	Bauart	Wagenräder	Reifengröße	Spurweite	Radstand
Austro Daimler A.D.M	10/38	—	6	70×110	2.54	Häng. Kopf	1 Block	Ja	Alum.	Zyl. Kopf	Schraub. rd.	4-Gleit.	Dr. Uml.	Kolben	Pumpe	Zenith	Unterdr.	Bosch	Hand	Einscheib.	im Block	4	Mitten	1-Metall	Spiralr.	Rohr	Schubst.	Faust	½ Ell.	Ausleg.	Vierradbremse		Rechts	Spindel	Drahtsp.	820×120	1350	3450
Austro Daimler A.D.M. Sport	10/60	—	6	71.5×110	2.[illegible]5	Häng. Kopf	1 Block	Ja	Alum.	Zyl. Kopf	Schraub. rd.	4-Gleit.	Dr. Uml.	Kolben	Pumpe	2 Zenith	Unterdr.	Bosch	Hand	Einscheib.	im Block	4	Mitten	1-Metall	Spiralr.	Rohr	Schubst.	Faust	½ Ell.	Ausleg.	Vierradbremse		Rechts	Spindel	Drahtsp.	820×120	1350	3325
Austro Daimler A.D.	17/60	—	6	[illegible]5×130	4.42	Häng. Kopf	1 Block	Ja	Alum.	Zyl. Kopf	Schraub. rd.	4-Gleit.	Dr. Uml.	2 Zahnr.	Pumpe	Zenith	Unterdr.	Bosch	Hand	Einscheib.	im Block	4	Mitten	1-Metall	Spiralr.	Rohr	Schubst.	Faust	½ Ell.	Ausleg.	Getriebe	Hint. rd.	Rechts	Spindel	Drahtsp.	895×135	1360	3450
Austro Daimler A.D.V.	17/60	—	6	85×130	4.42	Häng. Kopf	1 Block	Ja	Alum.	Zyl. Kopf	Schraub. rd.	4-Gleit.	Dr. Uml.	2 Zahnr.	Pumpe	2 Zenith	Unterdr.	Bosch	Hand	Einscheib.	im Block	4	Mitten	1-Metall	Spiralr.	Rohr	Schubst.	Faust	½ Ell.	Ausleg.	Vierradbremse		Rechts	Spindel	Drahtsp.	895×135	1360	3480
Austro Fiat A.F. 1	9/40	2500	4	84.5×110	2.47	Eins. sthd.	1 Block	Ja	Alum.	Kurb. Kast.	Schraub. rd.	3-Gleit.	Dr. Uml.	Kolben	Thermo	Zenith	Unterdr.	Bosch	Hand	Einscheib.	im Block	4	Mitten	1-Metall	Spiralr.	Rohr	Rohr	Gabel	½ Ell.	¾ Ell.	Getriebe	Hint. rd.	Rechts	Schnecke	Drahtsp.	820×120	1330	3400
Austro Fiat A.F. Sport	9/45	3000	4	84.5×110	2.47	Eins. sthd.	1 Block	Ja	Alum.	Kurb. Kast.	Schraub. rd.	3-Gleit.	Dr. Uml.	Kolben	Thermo	Zenith	Unterdr.	Bosch	Hand	Einscheib.	im Block	4	Mitten	1-Metall	Spiralr.	Rohr	Rohr	Gabel	½ Ell.	¾ Ell.	Vierradbremse		Rechts	Schnecke	Drahtsp.	820×120	1330	3000
Gräf & Stift E.V.K. 2	7/30	2500	4	72×120	1.95	Eins. sthd.	1 Block	Ja	Gußeis.	Kurb. Kast.	Schraub. rd.	3-Gleit.	Umlauf	Kolben	Pumpe	Zenith	Unterdr.	Bosch	Autom.	Fib. Konus	im Block	4	Mitten	1-Metall	Spiralr.	Rohr	Rohr	Faust	½ Ell.	Ausleg.	Getriebe	Hint. rd.	Rechts	Schnecke	Stahlsp.	760×90	1230	2790
Gräf & Stift Universal	14/40	—	4	90×150	3.80	Eins. sthd.	1 Block	Nein	Gußeis.	Kurb. Kast.	Schraub. rd.	3-Gleit.	Dr. Uml.	Zahnr.	Pumpe	Zenith	Unterdr.	Bosch	Autom.	Fib. Konus	Wag. mitte	4	Mitten	1-Metall	Spiralr.	Rohr	Rohr	Faust	½ Ell.	Ausleg.	Getriebe	Hint. rd.	Rechts	Spindel	Stahlsp.	820×120	—	—
Gräf & Stift E.S. 3	23/9[illegible]	2500	6	9[illegible]×140	5.95	Eins. sthd.	1 Block	Ja	Gußeis.	Kurb. Kast.	Schraub. rd.	7-Gleit.	Dr. Uml.	Zahnr.	Pumpe	Pallas	Unterdr.	Bosch	Hand	Einscheib.	Wag. mitte	4	Mitten	1-Metall	Spiralr.	Rohr	Rohr	Faust	½ Ell.	Ausleg.	Vierradbremse		Rechts	Spindel	Stahlsp.	895×135	1440	3700
Gräf & Stift E.S.R. 4	30/110	2500	6	115×125	7.79	Eins. sthd.	2 Block	Nein	Gußeis.	Kurb. Kast.	Schraub. rd.	7-Gleit.	Dr. Uml.	Zahnr.	Pumpe	Pallas	Unterdr.	Bosch	Hand	Einscheib.	Wag. mitte	4	Mitten	1-Metall	Spiralr.	Rohr	Rohr	Faust	½ Ell.	Ausleg.	Vierradbremse		Rechts	Spindel	Stahlsp.	895×135	1440	3700
Pert B.B.	3/16	2800	4	57×88	0.89	Eins. sthd.	1 Block	Ja	Elektron	Kurb. Kast.	Schraub. rd.	2-Gleit.	Umlauf	Kolben	Thermo	Versch.	Gefälle	Bosch	Hand	Met. Konus	im Block	3	Mitten	1-Gewebe	Spiralr.	Rohr	Feder	Faust	½ Ell.	½ Ell.	Hint. rd.	Hint. rd.	Rechts	Spindel	Scheiben	715×115	1200	2610
Steyr	12.6/40	2000	6	80×110	3.3	Häng. Kopf	1 Block	Ja	Alum.	Zyl. Kopf	Kegelräd.	4-Gleit.	Dr. Uml.	Zahnr.	Pumpe	Versch.	Unterdr.	Bosch	Autom.	Lamell. Oel	im Block	4	Mitten	1-Metall	Kegelr.	Rohr	Rohr	Faust	½ Ell.	Ausleg.	Hint. rd.	Hint. rd.	Rechts	Spindel	Stahlsp.	820×135	1354	3475

Ungarische Personenwagen.

Name und Modell	PS	Drehzahl	Zyl.	Bohrung und Hub	Liter	Ventil-Anordnung	Zylind.-Gußstück	Zyl.-Kopf abnehmbar?	Kolbenmaterial	Steuerwelle Anordnung	Steuerwelle Antrieb	Wellenlager	Schmierung	Ölpumpe	Kühlung	Vergaser	Brennstoffzuführung	Zündung Art	Betätigt durch	Kupplung	Getriebe Anordnung	Gänge	Schalthebel	Kardangelenke	Hinterachsantrieb	Drehmoment	Achsschub	Vorderachse	Federn Vorn	Federn Hinten	Fußbr.	Handbr.	Lenkung Anordnung	Bauart	Wagenräder	Reifengröße	Spurweite	Radstand
Magomobil	5/20	2400	4	62×107	1.23	Eins. sthd.	1 Block	Nein	Alum.	Kurb. Kast.	Stirnräd.	3-Gleit.	Dr. Uml.	Zahnr.	Thermo	Zenith	Gefälle	Bosch	Hand	Lamell. Oel	Wag. mitte	4	Mitten	1-Metall	Kegelr.	Rohr	Rohr	Faust	½ Ell.	Ausleg.	Hint. rd.	Hint. rd.	Rechts	Spindel	Stahlsp.	710×90	1230	2800
Rába G	15/50	2400	4	90×15[illegible]	3.80	Eins. sthd.	1 Block	Nein	Alum.	Kurb. Kast.	Schraub. rd.	3-Gleit.	Dr. Uml.	Zahnr.	Pumpe	Zenith	Unterdr.	Bosch	Hand	Lamell. Oel	Wag. mitte	4	Rechts	1-Metall	Spiralr.	Rohr	Rohr	Faust	½ Ell.	½ Ell.	Getriebe	Hint. rd.	Rechts	Spindel	Drahtsp.	[illegible]80×120	1400	3300

Tschecho-Slowakische Personenwagen.

Name und Modell	PS	Drehzahl	Zyl.	Bohrung und Hub	Liter	Ventil-Anordnung	Zylind.-Gußstück	Zyl.-Kopf abnehmbar?	Kolbenmaterial	Steuerwelle Anordnung	Steuerwelle Antrieb	Wellenlager	Schmierung	Ölpumpe	Kühlung	Vergaser	Brennstoffzuführung	Zündung Art	Betätigt durch	Kupplung	Getriebe Anordnung	Gänge	Schalthebel	Kardangelenke	Hinterachsantrieb	Drehmoment	Achsschub	Vorderachse	Federn Vorn	Federn Hinten	Fußbr.	Handbr.	Lenkung Anordnung	Bauart	Wagenräder	Reifengröße	Spurweite	Radstand
Laurin & Klement	7/20	2400	4	73×110	1.79	Eins. sthd.	1 Block	Nein	Alum.	Kurb. Kast.	Schraub. rd.	2-Gleit.	Dr. Uml.	Zahnr.	Thermo	Zenith	Unterdr.	[illegible]	Autom.	Einscheib.	im Block	4	Mitten	2-Gewebe	Spiralr.	Feder	Feder	Gabel	½ Ell.	½ Ell.	Getriebe	Hint. rd.	Rechts	Schnecke	Holz	760×90	1250	2950
Laurin & Klement	14/50	2500	6	78×122	3.49	Knight	1 Block	Ja	Gußeis.	Kurb. Kast.	Kette	3-Gleit.	Dr. Uml.	Zahnr.	Pumpe	Zenith	Unterdr.	[illegible]	Hand	Lamell. trock.	im Block	4	Mitten	2-Gewebe	Spiralr.	Feder	Feder	Gabel	½ Ell.	½ Ell.	Vierradbremse		Rechts	Spindel	Drahtsp.	895×135	1400	3450
Praga Piccolo	3/10	[illegible]000	4	50×90	0.76	Eins. sthd.	1 Block	Nein	Alum.	Kurb. Kast.	Stirnräd.	2-Gleit.	Dr. Uml.	Zahnr.	Thermo	Zenith	Gefälle	Bosch	Hand	Lamell. trock.	im Block	3	Mitten	2-Gewebe	Spiralr.	Feder	Feder	Gabel	½ Ell.	½ Ell.	Hint. rd.	Hint. rd.	Rechts	Spindel	Scheiben	715×115	1100	2400
Praga A Ia	5/18	2000	4	6[illegible]×110	1.24	Eins. sthd.	1 Block	Nein	Alum.	Kurb. Kast.	Stirnräd.	2-Gleit.	Dr. Uml.	Zahnr.	Thermo	Zenith	Gefälle	Bosch	Hand	Lamell. trock.	im Block	4	Rechts	1-Metall	Spiralr.	Rohr	Feder	Faust	½ Ell.	½ Ell.	Getriebe	Hint. rd.	Rechts	Spindel	Scheiben	730×130	1200	2700
Praga Mignon	9/30	2000	4	75×1[illegible]0	2.2[illegible]	Eins. sthd.	1 Block	Nein	Alum.	Kurb. Kast.	Stirnräd.	3-Gleit.	Dr. Uml.	Zahnr.	Thermo	Zenith	Unterdr.	Bosch	Hand	Lamell. trock.	im Block	4	Rechts	1-Metall	Spiralr.	Rohr	Feder	Faust	½ Ell.	½ Ell.	Vierradbremse		Rechts	Schnecke	Scheiben	[illegible]60×160	1[illegible]00	3100
Praga Grand	15/50	2500	4	90×15[illegible]	3.85	Eins. sthd.	1 Block	Nein	Alum.	Kurb. Kast.	Stirnräd.	3-Gleit.	Dr. Uml.	Zahnr.	Pumpe	Zenith	Unterdr.	Bosch	Hand	Lamell. Oel	Getrennt	4	Rechts	1-Metall	Spiralr.	Rohr	Feder	Faust	½ Ell.	½ Ell.	Vierradbremse		Rechts	Schnecke	Scheiben	895×135	140[illegible]	3300
Tatra 11	4/12	2200	2	82×1[illegible]0	1.08	Häng. Kopf	Gegenl.	Nein	Alum.	Kurb. Kast.	Stirnräd.	2-Gleit.	Dr. Uml.	Zahnr.	Luft	Pallas	Gefälle	Bosch	Hand	Einscheib.	Getrennt	4	Mitten	2-Metall	Kegelr.	Feder	Feder	Gabel	Querfed.	Querfed.	Hint. fed.	Hint. rd.	Rechts	Zahnr.	Scheiben	710×90	1200	2650
Tatra 10	82/100	2400	6	90×140	5.34	Häng. Kopf	1 Block	Ja	Alum.	Zyl. Kopf	Kegelräd.	4-Gleit.	Dr. Uml.	Zahnr.	Pumpe	2 Zenith	Unterdr.	Bosch	Hand	Einscheib.	Getrennt	4	Mitten	1-Metall	Kegelr.	Rohr	Rohr	Gabel	½ Ell.	Ausleg.	Vierradbremse		Rechts	Schnecke	Stahlsp.	895×135	1400	3650

*) Vier Ventile pro Zylinder.

Anmerkung: Alle Wagen außer wenigen [illegible] besitzen elektr. Licht und Anlaßanlagen

MANNOPOLIS

	BENZ								HEIM				
1919	seit 1918	seit 1912											
1920													
1921					1912-18							8/30	
1922													
1923													
1924													
1925													
1926													
	6/18 (AVUS)	**8/20**	**14/30**	**27/70 Typ E 5/6**	**10/30 GR (AVUS)**	**16/50 DS, DSS**	**11/40 GRS**	**RH 8/45 Tropfen**	**8/80**	**MONZA**	**6/20**	**8/40**	**9/60**
PS	18 (45)	20	30	72	34 (75)	50	40	90	80	60	20	46	60
km/h max	90	70	75	100		110		140	145	125		120	120
Radstand (mm)	2545	2850	3150	3650	3125	3480	3274	2780	2710	2550	2900	2600	3100
Spur (mm)	1280	1350	1400	1440	1350	1420	1350	1400/ 1245	1350	1350	1200	1350	1350
Vorw. Gänge	4	4	4	4	4	4	4	3	4	3	3	3-4	3-4
Zylinder	4	4	4	6	4	6	6	6	6	4	4	4	6
-Inhalt (ccm)	1569	2080	3560	7068	2614	4140	2800	1997	1994	1985	1570	2086	2350
Bohrung	68	72	90	100	80	80	72	65	63,5	79,5	70,7	81,5	69
Hub	108	120	140	150	130	138	117	100	105	100	100	100	105
Reifen	760x100	815x105		880x135	820x120	880x135	820x120	765x105	765x120			710x100	765x120

IM ÜBERBLICK

	BENZ SÖHNE			FULMINA		UNION-WERKE	RABAG		RHEMAG	SCHÜTTE-LANZ	VELOCITAS	SCHMIDT & BENSDORF	BADENIA
1919	seit 1907	seit 1913	seit 1911	seit 1911	seit 1913								
1920													
1921													
1922													
1923					16/60								
1924				10/50									
1925													
1926													
	10/30	**8/25**	**14/42**	**10/30 Typ E**	**16/50 Typ B**	**4/10, BRAVO**	**6/20 Type 23**	**6/30 Type R**	**4/24**	**4/14 Typ R**	**4/12, VELOX**	**MOPS**	**8/40**
PS	30	30	45	30 (50)	60	10	20	30	24	14	14	11	40
km/h max	85	60	85	80 (95)	100	65	95	95	90	70	70	75	
Radstand (mn	2910	3035	3230	3200	3450	2680	2450	2500 (2600)	2800	3100	2320	2300	3000
Spur (mm)	1380	1300	1360	1250	1350	1000	1150	1150	1150	1150	1100	1200	1340
Vorw. Gänge	4	4	4	4	4	3	4	4	3	3	3	3	4
Zylinder	4	4	4	4	4	2	4	4	4	4	4	1	6
-Inhalt (ccm)	2600	2090	3560	2595	4212	1017	1452	1495	1065	1040	1017	350	1990
Bohrung	85	74,5	90	80	100	60	68	69	62	62	60	72	66
Hub	115	120	140	130	130	90	100	100	86	86	90	86	97
Reifen	820x120	815x105	880x120	820x120	880x135	710x90	710x90	710x90	715x115	710x90	700x80		820x120

Wir schwören
auf die Güte der seit Jahren bewährten Lamellen-Kühler der Firma
Oberrheinische Metallwerke G. m. b. H., Mannheim-Fabrikstation
Erste Spezialfabrik für Automobilbeleuchtungsgegenstände, Cornets und Kühler
die mit einer enormen direkten Kühlfläche und einer dauernden Dichtheit leichtes Gewicht und elegantes Aussehen verbinden.
Man achte auf unsere genaue Adresse und die bekannte Schutzmarke.
SCHMITT'S ORIGINAL

OBERMETALL
OBERRHEINISCHE
METALLWERKE
AKTIEN GESELLSCHAFT
MANNHEIM
ÄLTESTE SPEZIALFABRIK FÜR
AUTO · MOTORRAD · FAHRRAD
BELEUCHTUNGEN
SIGNALINSTRUMENTE
1921 Deutsche Automobil-Ausstellung, Berlin, Stand 406 1921

Steigen Gnädigste in meinen geheizten Wagen ein
Alleinige Fabrikanten
er ist mit der Automobil-Heizung METEOR ausgestattet
H. LORENZ & Co. G.m.b.H.
MASCHINENFABRIK u. APPARATE-BAUANSTALT · MANNHEIM

Die D. R. P. ausziehbare
Rikma-Auster
Rückscheibe
vereint Vorteile des offenen und geschlossenen Wagens:
Kein Wind, kein Staub, doch frische Luft!
3 Modelle:
Luxus
Einfach
Klein und leicht
Viele Tausende im Gebrauch
RICHARD JULIUS KAUFMANN, MANNHEIM, Friedrichsplatz 17, Telephon 2130, 7577 Tel.-Adr „Erika“.

Alois Islinger, Mannheim
Telephon 3725
Augartenstraße 84
Vertrieb von erstklassigen Automobilen u. Motorrädern
für Personen- und Lastenbeförderung
Reparaturwerkstatt für alle Systeme
Verkauf und Lager von Automobil- und Motorrad-Bestandteilen u. Zubehör

DANKE

Alles ist nichts ohne Freunde.

Danke an alle, die mitgeholfen haben, MANNOPOLIS wieder auferstehen zu lassen, insbesondere für die Geschichten und Bilder von:

Ulrike Alt
Manfried Bauer
Peter Blum
Anders Ditlev Clausager
Robert Dick
Wolf Engelen
Familie Eberle/ Rakowski
Markus Enzenauer
Sebastien Faures
Lothar Gottmann
Familie Heim
Hermann Layher
Michael Müller
Doris Meyer zu Schwabedissen
Peter Ragge
Eberhard Reuß
Heinrich Scharhag
Klaus Schillinger
Bernhard Schmid
Brigitte Schober-Schmutz
Werner Schollenberger
Jandirk Schütte
Ulf Schulz
Familie Schweizer
Bernd Sebastian
Winfried Seidel
Christian Steiger
Christian Suhr
Bernd Warner
Gordian Weber
Thomas Wirth
Frank Wollenberg
Claus Wulff
Klaus Zeimer

Sie wissen mehr über MANNOPOLIS?
Ich würde mich über jede Information freuen:
lesconrads@t-online.de

QUELLEN / BILDNACHWEIS

Jahrgänge 1920-26 von

- Allgemeine Automobilzeitung
- Automobil Revue
- Berliner Adressbuch
- Der Motorfahrer
- Der Motorwagen
- Deutsche Fahrzeugtechnik
- Handbuch der Deutschen Aktiengesellschaften
- Handelsregister
- Mannheimer Adressbuch
- Motor
- Sport im Bild

Der Berg ruft, Peter Blum (Mannheimer Geschichtsblätter 9/2002)

Der Spekulant, Bernhard Schmid (Autobild Classic 2/2017)

Das Palais Lanz, Tobias Möllmer (Badische Heimat 3/2007)

Ein Hundeleben, Michael Hundt (Oldtimermarkt 10/2012)

Rasende Zigarren, Rheinpfalz 21.1988

Mobile Zeiten, Mannh. Morgen 24.4.86

Prinz Heinrich Fahrt 1908-11, Continental

Auto und Karosserie, Erik Eckermann

Automobilgeschichten, Winfried Seidel

Automobil Spezialkarosserien, H. Schrader

Benz & Cie, Motorbuch Verlag

Das Daimler-Benz Buch, A.Ebbinghaus

Der AGA Wagen, Kai-Uwe Merz

Der Traum vom Fliegen, Isensee Verlag

Deutsche Autos 1920-45, Werner Oswald

Die Bugattis, Christians Verlag

Faszination der Form, Kieselbach/ Lessing

Frankfurter AC, Monatshefte 25-26

From Milan to Molsheim Hucke/Kruta

Mannheimer Pioniere, Hans Erhard Lessing

Mercedes Benz Renn- und Sportwagen, Günter Engelen

Pioniere aus Technik und Wirtschaft in Heidelberg, Peter Blum

Räder Autos und Traktoren, Landesmuseum für Technik und Arbeit

Sie bauten Autos, Metternich/ Neubauer

Sportwagen in Deutschland, von Fersen

Tatort Mannheim, Winfried A. Seidel

Unser Lindenhof, Wolf Engelen

Vom Glockengusss zum Offsetdruck, Martin Krauß

Zeitgeschichtliches Museum Mannheim (ZGMA)

Privatarchive von Axel Oskar Mathieu, Werner Schollenberger, Winfried Seidel, Thomas Ulrich und Claus Wulff

Bildnachweis:

© ADAC Motorwelt/ www. Zwschengas.com S. 165

AERONAUTICUM Nordholz S. 76, 78-80, 83

Bundesarchiv, Bild 102-08458 / CC-BY-SA 3.0 S. 135

National Automotive History Collection, Detroit Public Library S. 106

Emmafisch S. 50

Kraftfahrzeugarchiv Christian Suhr, Reichenbach S. 31

Koch Films GmbH /Dreigroschenfilm S. 3

Mercedes-Benz Classic S. 151

Mapio S. 68

Marchivum AB0172-004-6 S. 22

RABAG GmbH S .56

Stadtarchiv Heidelberg S. 21

Technoseum S. 18-19

Universitätsbibliothek Heidelberg S. 143, 162

Sonstige neuzeitliche und kolorierte Bilder von Dietrich Conrad